水声传感器网络MicroANP协议栈设计与实现

杜秀娟　韩多亮　王丽娟　著

科学出版社

北京

内 容 简 介

水下传感器网络采用声波进行通信，具有长时延、低带宽、高误码率、动态拓扑、能量受限等系列特性，节点的有限资源决定了其上运行的协议不能太复杂，而现有的通信协议栈难以满足水下传感器网络的性能要求，本书提出了 MicroANP 协议架构模型，阐述了 MicroANP 通信协议架构及 UASNs 各层协议的关键设计，并进一步给出了 MicroANP 架构的实现。

本书可作为学习水下无线传感器网络、物联网技术的本科生和研究生的参考书，也可供物联网、水下传感器网络等领域的研究人员参考。

图书在版编目（CIP）数据

水声传感器网络 MicroANP 协议栈设计与实现 / 杜秀娟，韩多亮，王丽娟著. — 北京：科学出版社，2023.5

ISBN 978-7-03-075314-4

Ⅰ. ①水… Ⅱ. ①杜… ②韩… ③王… Ⅲ. ①水下通信－传感器－研究 Ⅳ. ①TN929.3②TP212

中国国家版本馆 CIP 数据核字（2023）第 054450 号

责任编辑：王 哲 / 责任校对：杨 然
责任印制：吴兆东 / 封面设计：迷底书装

科 学 出 版 社 出版
北京东黄城根北街 16 号
邮政编码：100717
http://www.sciencep.com

北京中石油彩色印刷有限责任公司印刷
科学出版社发行 各地新华书店经销
*

2023 年 5 月第 一 版 开本：720×1 000 1/16
2023 年 5 月第一次印刷 印张：13 插页：1
字数：260 000
定价：119.00 元
（如有印装质量问题，我社负责调换）

前　　言

　　21 世纪是利用和开发江河湖泊、海洋资源的重要时期，陆上通过有线光或电的手段实现了 Internet 连接，空中通过无线网络甚至通信卫星实现了网络连接，水下网络也许是唯一所剩的未经全面研究的领域。水下网络直接细粒度的实时数据为有效解决水下智能生态监测提供了重要保障基础。移动性、自组网、大范围和易部署等特点使水下无线通信成为世界各国竞相发展的重要的无线通信技术之一。无线电波在海水中衰减严重，频率越高衰减越大。水下实验表明，Mote 节点发射的无线电波在水下仅能传播 50～120cm，低频长波无线电波水下实验可以达到 6～8m 的通信距离，30～300Hz 的超低频电磁波对海水穿透能力可达 100 多米，但需要很长的接收天线，这在体积较小的水下节点上无法实现。因此，无线电波只能实现短距离的高速通信，不能满足远距离水下组网的要求。声波在水下传输的信号衰减小，传输距离远，水声通信是目前远距离水下通信的最佳选择，且水声通信技术也已经较为成熟且正在向网络化阶段发展。水声网络的窄带宽、长延迟、高误码率、多径干扰、能量受限、动态拓扑、高时空变等特性给水声网络传输技术带来很大的挑战。

　　作为一种新生的信息网络，水声传感器网络（underwater acoustic sensor networks，UASNs）在海洋与河湖水环境监测、近海勘探、辅助航行、海啸预警以及海洋军事等领域具有广阔的应用前景。UASNs 节点的计算、存储、能量、带宽等资源十分有限，其上运行的协议栈不能太复杂。迄今为止的 UASNs 研究大多基于传统的物理层、数据链路层、网络层、传输层和应用层的五层协议模型，基于该五层模型的研究表明，在水下信道复杂多变、节点资源有限的 UASNs 环境，网络高效性只有通过跨层设计来实现。为了克服过多跨层设计带来的复杂问题，本书提出了 MicroANP 协议架构模型。

　　本书阐述了水声传感器网络面临的挑战、MicroANP 通信协议架构、仿真与现场试验软硬件与开发环境及该协议架构下基于 RLT 与 FDR 的水声传感器网络可靠传输机制、基于层级的路由协议、基于状态的 MAC 协议和协议栈测试与应用。本书由杜秀娟负责全书的设计、统稿和修改，并撰写了第 1、2、5 章内容，韩多亮与王丽娟、田晓静等博士撰写了其余章节的内容。感谢田晓静博士为本书的撰写提出的很多宝贵意见。

由于作者水平有限，书中的不妥之处在所难免，希望广大读者批评指正。作者将在吸取大家意见和建议的基础上，修改、完善书中内容，为推动该领域的进步尽一份绵薄之力。

作　者

2023 年 4 月

目　　录

彩图

第 1 章　水声传感器网络概述

1.1　水声传感器网络

21 世纪人类开启了全面开发、利用海洋河湖资源的新纪元，以水声传感器网络（UASNs）为重要组成部分的海洋环境监测技术已列入国家中长期科技发展纲要。水声传感器网络作为一种新生的信息网络已逐步成为各国学者研究的热点，在海洋与河湖水环境监测、近海勘探、辅助航行、海啸预警以及海洋军事等领域具有广阔的应用前景。

UASNs 通常包括水声传感器节点、自主水下航行器（autonomous underwater vehicle，AUV）、水面汇聚节点（sink 节点）等。许多水声传感器节点被随机部署在监测区域，为了全方位地监测各种信息，这些水下节点通常漂浮在不同的深度，能够随着水流移动，通过自组织的方式组成网络。节点将自己收集到的信息由邻居节点逐跳转发，经过数次传输之后到达水面汇聚节点，最后通过卫星、移动通信、地面基站或互联网到达远程数据中心。UASNs 网络拓扑如图 1.1 所示。

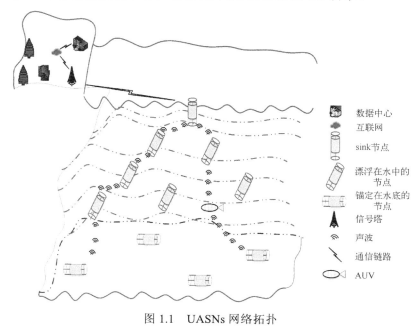

图 1.1　UASNs 网络拓扑

无线局域网(wireless local area network，WLAN)、移动自组网(mobile Ad Hoc network，MANET)、无线传感器网络(wireless sensor network，WSN)等传统网络采用无线电波进行通信。由于水的吸收作用，电信号在水中传输衰减严重，且频率越高，衰减越快。研究表明，遵循 IEEE 802.11b/g(2.4GHz) 或 IEEE 802.15.4(868MHz、915MHz、2.4GHz) 协议的节点发送的无线电波在水中的传输距离通常为 50～100cm[1]。30～300Hz 的超低频无线电波在水中的传播距离可以达到 100 多米，但是需要很大的接收天线，这对于水下传感器节点来说实现比较困难。由此可见，无线电波在水中的传播距离极为有限，无法在水下有效工作。

水环境中的激光通信主要采用蓝绿光，蓝绿光在海水中的衰减小于 10^{-2}dB/m[2]，对海水的穿透能力较强。水下激光通信需要直线对准传输，通信距离较短，水的清澈度会影响通信质量，这些局限制约着激光在水下网络中的应用。蓝绿光仅仅适合短距离、高速率的水下数据传输。综上所述，激光和无线电波都无法广泛地应用于长距离的 UASNs 通信。因此，水下网络节点采用声波通信。

1.2　水声通信的特点

与传统的 WSN 相比，采用水声通信的 UASNs 网络具有以下特点。

1. 传播延迟大

声波在水中的传播速度约为 1500m/s，比地面上无线电波的传播速度($3.0×10^8$m/s)低了大约 5 个数量级。此外，水声信号的传播速度受海水的压强、温度、盐度等物理特性的影响较大，具有明显的时空变特性。

2. 频带窄

传输距离为 1～10km 的系统，带宽只有 10kHz；传输距离为 0.1～1km 的水声通信系统的带宽为 20～50kHz；若想保证网络的带宽达到 100kHz 及以上，则通信的距离不会超过几十米。另外，UASNs 中的传输带宽还具有时变的特性。表 1.1 详细介绍了不同通信范围的水声信道带宽。

表 1.1　不同通信范围的水声信道带宽

传输范围/km	相应带宽/kHz
<0.1	100
0.1～1	20～50
1～10	10
10～100	2～5
100	<1

3. 能量有限

由于传输距离较远,信号的发送与接收都需要进行额外的处理以补偿信道衰落,所以与无线电波通信相比, 水声通信更加消耗能量。与传统的调制解调器相比, UASNs 中的声学调制解调器需要消耗更多的能量,而水下节点采用电池供电,在恶劣的水下环境中充电和更换都非常困难。孙利民等[3]分析了传感器节点各组成部分的能量消耗情况,如图 1.2 所示。由此可见,水声网络节点的能量消耗主要集中在通信能耗上,与通信能耗相比,节点在感知和处理方面的能耗几乎可以忽略。

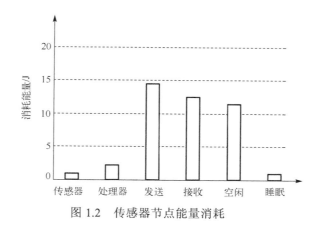

图 1.2　传感器节点能量消耗

4. 多径效应

声波在水面和水中传播时,易受折射以及海底、海面反射的影响,导致声源发出的信号沿着多条不同的路径先后到达目的节点。如图 1.3(a)所示,节点 S 发送的信号沿着三条不同的路径到达目的节点 R。以上信号在目的节点相互叠加,造成信号的起伏和畸变。沿不同路径传播的信号到达目的节点的时间不尽相同(图 1.3(b)),使得信号的振幅与相位的相关性减弱,给信号的解调带来了极大的困难。

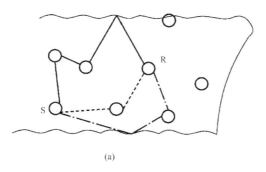

(a)　　　　　　　　　　　　　　　　　(b)

图 1.3　多径效应

5. 多普勒效应

水下传感器节点会随着水流而移动，声波的传播速度与无线电波的传播速度相比差了约 5 个数量级，节点很小的移动就会造成多普勒频移，并且水声信道的载波频率比较低，两者共同作用使得水中的多普勒频移远远大于地面的无线电波通信中的多普勒频移[4]。

6. "远近"效应

"远近"效应是指信号强度受传输距离的影响。当多个不同的发送节点采用相同的功率与同一个接收节点通信时，由于距接收节点的距离不同，信号在传输过程中发生不同程度的衰减。距离接收节点越近，信号越强，反之越弱，如图 1.4 所示。

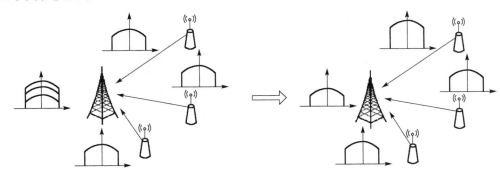

图 1.4　"远近"效应

7. 误码率高

水下环境恶劣，声波传输过程中易受路径损耗、环境噪声、多径效应和多普勒频移的影响，从而导致信号的出错率较高。根据传输范围和调制方法的不同，水声通信的误码率在 $10^{-7} \sim 10^{-3}$，且随着传输范围的不断增大而增加。

8. 低带宽

水声信道的带宽依赖于声波频率及其传输距离。大部分声音系统的工作频率在 30kHz 以下。根据文献[5]，目前对传输距离与带宽积的研究或商业系统还没有能够超过 40km×Kbit/s（IEEE 802.11 的无线电波通信可达到 5000km×Kbit/s）。IEEE 802.11 的带宽可达几十、几百 Mbit/s，而传输几千米的水声信道带宽大约是几十 Kbit/s，几十米的短程系统带宽也只有几百 Kbit/s，这给水下音、视频及应急信息通信带来较大的挑战。

9. 网络连通性差

首先，UASNs 节点处于环境较为恶劣的江、河、湖泊、海洋中，长期的浸泡、腐蚀使得节点故障率较高；其次，陆地传感器网络节点一般都是静止的，而 UASNs 的节点可能会随着水流和其他水下活动而改变位置；再次，相对于价格低廉的陆地传感器节点，水下节点声学通信模块复杂、恶劣的水下环境需要增强的硬件保护装置，因此水下传感器节点具有价格昂贵、部署稀疏的特点。与陆地 WSN、MANET 等网络相比，UASNs 网络连通性更差。

1.3 水声传感器网络面临的问题与挑战

UASNs 网络通信协议的设计过程中，存在以下问题和挑战。

1. 提高能量效率、延长网络的生存期是 UASNs 面临的首要问题

水下节点不能够利用太阳能供电，通常采用干电池供电。节点长期处于复杂的海洋环境中并且在无人值守的状态下工作，充电和更换电池非常困难。与传统的调制解调器相比，水声调制解调器能耗大。有限的能量与较大的能耗给 UASNs 通信协议的设计带来较大的挑战。如何降低控制开销、提高能量效率，从而延长整个网络的生存时间是 UASNs 面临的首要问题。

2. UASNs 网络亟须研究新型网络体系架构

随着网络技术与应用的不断发展，减少网络系统的无用能耗，提高能量效率的绿色网络成为热点研究。绿色网络研究涉及网络体系结构、各层网络协议、网络设备结构创新和算法设计与优化等网络领域的核心科学问题。目前，大多数的研究工作只关注网络节能问题的某一(些)方面，例如，针对路由协议或媒体访问控制(media access control，MAC)层机制的能耗问题，缺少从网络全局的角度研究网络的节能策略[6]。

TCP/IP 和 ZigBee 是目前较为完整并被广泛使用的通信协议栈。ZigBee 协议栈在物理层(physical layer，PHY)与数据链路层基于 IEEE 802.15.4 标准。IEEE 802.15.4 是为省电而设计的标准，要求短时间的数据传输操作，不能传输大量数据。互联网存在两种典型的协议模型：OSI 和 TCP/IP，尽管 OSI 参考模型得到了全世界的认同，但是 Internet 历史上和技术上的开发标准都是 TCP/IP 模型，TCP/IP 是发展至今最成功的 Internet 通信协议栈。鉴于 UASNs 诸多独有的特性，TCP/IP 协议栈在 UASNs 应用存在很大的局限性。

UASNs 传感器节点的计算、存储、能量等资源十分有限，其上运行的协议栈不能太复杂。UASNs 需要开发新的水声通信网络体系架构。目前，UASNs 网络研究多集中在路由和 MAC 层，针对 UASNs 的协议体系架构较少有人问津。

3. 水声传感器网络特性给各层协议设计带来很大的挑战

UASNs 的低载频、窄带宽、长延迟、高误码率、多径干扰、多普勒效应等特性给各层协议设计带来很大的挑战。相对于电磁波微秒级的传播时延，水下声波的传播时延为秒级，且水声信道的时空变特征使传播延迟方差较大。水声通信的误码率通常在 $10^{-7} \sim 10^{-3}$，这给网络协议的设计带来很大的挑战[7]。

参 考 文 献

[1] Wiener T F, Karp S. The role of blue/green laser systems in strategic submarine communications[J]. IEEE Transactions on Communications, 1980, 28(9): 1602-1607.

[2] 郭忠文, 罗汉江, 洪锋, 等. 水下无线传感器网络的研究进展[J]. 计算机研究与发展, 2010, 47(3): 377-389.

[3] 孙利民, 李建中, 陈渝, 等. 无线传感器网络[M]. 北京: 清华大学出版社, 2005.

[4] Malumbres M P, Garrido P P, Calafate C T, et al. Underwater Wireless Networking Technologies: Encyclopedia of Information Science and Technology[M]. Chicago: Information Resources Management Association, 2008: 3858-3864.

[5] Kilfoyle D B, Baggeroer A B. The state of the art in underwater acoustic telemetry[J]. IEEE Journal of Oceanic Engineering, 2000, 25(5): 4-27.

[6] Du X J, Huang K J, Lan S L. LB-AGR: level-based adaptive geo-routing for underwater sensor networks[J]. The Journal of China Universities of Posts and Telecommunications, 2014, 21(1): 54-59.

[7] Luo J H, Chen Y P, Wu M, et al. A survey of routing protocols for underwater wireless sensor networks[J]. IEEE Communications Surveys and Tutorials, 2021, 23(1): 137-160.

第 2 章　MicroANP 协议体系架构

2.1　传统协议架构在水声传感器网络中的局限性

目前广泛使用而又比较完整的通信协议栈是 ZigBee 和 TCP/IP。在传统陆地上的传感器网络中，ZigBee 是较多采用的协议栈，适合短时间的数据传输，不能传输大量数据。TCP/IP 是目前最成功的互联网通信协议栈。迄今为止，大多数的 UASNs 研究仍基于传统的物理层、数据链路层、网络层、传输层和应用层的 TCP/IP 的五层协议模型[1]。

2.1.1　TCP/IP 应用层在 UASNs 中的应用局限性

TCP/IP 提供给用户的接口是应用层协议。基于应用层协议，用户可以编写各种网络应用系统，如电子商务等。TCP/IP 应用协议通常采用 C/S 模式，数据管理、数据一致性容易实施，但容易造成单点故障和瓶颈效应，且服务的扩展性较差。随着计算机网络的迅速发展，P2P 打破了传统的 C/S 模式，成为人们的关注焦点。P2P 强调节点之间的"对等性"，节点兼具客户机与服务器的双重功能，在利用其他节点资源的同时也为其他节点提供服务，避免了 C/S 模式集中服务带来的瓶颈问题。目前，P2P 技术已经延伸到几乎所有的网络应用领域，如分布式科学计算、文件共享、流媒体直播与点播、IP 层语音通信 VoIP 及在线游戏支撑平台等方面。

互联网应用成千上万、五彩缤纷，这些应用使用 TCP 或用户数据报协议（user datagram protocol，UDP）作为传输机制，并采用 16bits 的端口号区分不同的应用进程。互联网通信以地址为中心，包括链路层地址（物理地址）、IP 地址和套接字地址。链路层地址用来在一个逻辑网络内对主机进行寻址；IP 地址用于对互联网中的主机寻址；套接字地址由 IP 地址和端口号组合而成，用来对进程寻址。互联网中 C/S、P2P 应用都基于一对进程的通信来完成，如图 2.1 所示，数据帧、IP 分组、报文段中各地址字段作为路由、转发与送达应用层协议的依据。通信过程中，通信一方的任何地址（物理地址、IP 地址和协议端口号）改变都会造成通信中断。数据在传输过程中不能由中间节点进行融合（分片、网络编码除外），分组数据只在目的端重组，这与水声传感器网络应用有着本质的区别。

UASNs 节点集感知、处理、控制与通信功能于一体，称为传感器节点。传感器节点与观测对象直接接触，获得被测对象的视频、图像、声音、气味、震动、温度、速度等物理、化学、生物学的特性数据，通过水声传感器网络传输到水面汇聚节点，之后通过卫星、移动通信或其他网络传输至互联网的数据中心。因此，UASNs 应用的主要目的是获取水资源环境、水生物、水下物品等物理信息、图片或音视频(信息获取)，应用相对单一。这里把 UASNs 的数据分为图像、音视频多媒体数据和属性数据。中间节点不能对流媒体数据进行数据融合。属性数据由属性名和属性值对应组成，如(温度，30)，这里温度为属性名，30 为属性值。需要强调的是，UASNs 属性数据需要附带另一个参量——位置信息，附带了位置信息的监测消息才有意义。在水资源环境监测应用中，环保部门不仅需要掌握水质污染程度，还需要掌握发生污染的位置信息，才能进一步推断并清理污染源。试想如果仅得到"温度=80℃"这个消息，却不知是何位置发生了火灾或爆炸，那将是多么尴尬的困境。因此，UASNs 属性数据信息单元为一个三元组<位置，属性名，属性值>。

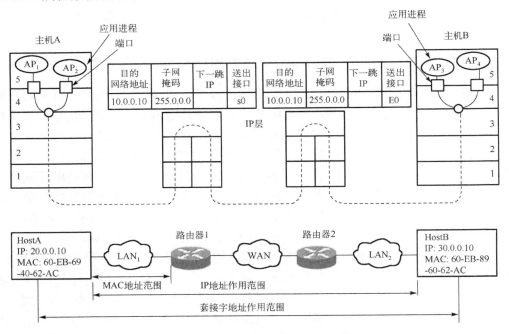

图 2.1　以地址为中心的互联网通信

　　UASNs 是以数据为中心的网络，节点随机部署，且具有移动性，节点标识与位置无关。UASNs 应用关注的是附带了位置、时间的数据信息，而并不关心这些信息是由哪些节点获取的。为了提高通信效率，属性数据经由中间节点传输时可进行数据融合，sink 节点接收到的一个分组数据可能来自多个监测节点。因此，UASNs 与互联网应用通信模式具有本质的不同。传统 C/S、B/S、P2P 等应用模式在 UASNs 中不再适用，套接字地址在 UASNs 中也失去原有意义。

UASNs 通信具有方向性(有向通信),感知的数据沿着从感知节点到 sink 节点的上行方向传输,sink 节点洪泛的定位等控制信息沿着从 sink 节点至传感器节点的下行方向进行传输,sink 节点是数据与信令的聚合点,既是 UASNs 网络节点,也是接入互联网(通过卫星、GPRS、移动通信、WiFi 或有线等方式)的网关设备。sink 节点通常采用外接电源或太阳能等方式供电,有充足的能量供给和处理资源。普通水下传感器节点靠电池供电,一旦部署在水下,不易更换,往往要求能长期工作。由于传输距离远、信号接收需要额外的处理以补偿信道衰落,水声通信能耗大于陆地无线电波通信。所以,如何有效使用电池能量以延长网络生命期对于 UASNs 具有重要的意义。与陆上传感器网络(WSN)不同的是,UASNs 节点发送能耗比接收能耗往往大很多倍[2]。文献[3]指出节点发射模式能耗为 2W,接收模式能耗仅仅为 20mW。因此,减少不必要的流量(冲突与重传、路由错误、无效泛洪、无效编码包)传输是 UASNs 行之有效的节能方式。有向通信决定了 sink 附近的节点由于需要中继其他节点分组,从而容易过早耗尽能量造成网络中断。为了延长整个网络生命期,中间节点不能只是简单地执行路由转发,而应能够对属性数据进行数据融合,以增加低能耗的计算开销降低传输流量,从而降低能耗,达到节能目标。

数据融合是针对应用数据的融合处理技术,根据融合是否基于应用数据语义,将数据融合技术分为依赖于应用的数据融合(application dependent data aggregation,ADDA)和独立于应用的数据融合(application independent data aggregation, AIDA),如图 2.2 所示。AIDA 融合作为一个独立的协议层次,不需要理解应用数据语义,直接对链路层的数据进行合并,将多个数据帧简单拼接成一个帧,融合效率差,不能有效消除冗余和错误信息。ADDA 理解每一个应用数据语义,能够彻底消除数据冗余、过滤不可信数据、获得最大限度的数据压缩,是一种可靠、高效的融合技术。中间节点基于网络层协议实现对分组的路由转发,如果在网络层实现 ADDA,则需要网络层协议跨层理解应用层数据的语义,现有的 TCP/IP 协议栈给需要跨层理解数据语义的 ADDA 数据融合实现带来一定的困难。

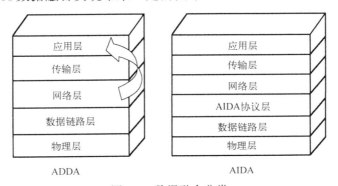

图 2.2　数据融合分类

假设 UASNs 网络协议栈中取消传输层，则应用层的下层协议为网络层。当中间节点基于网络层协议对分组执行路由转发之前，可调用应用层协议基于应用数据语义对数据执行融合处理，既能保持 ADDA 融合的可靠性与高效性，又能有效避免跨层理解应用层数据的困难性问题，将这种数据融合技术称为 ALDA（application layer data aggregation）。通过以上分析可知，UASNs 以信息获取为主，应用单一；由于采用数据融合技术，单个分组中的数据可能来自多个监测节点；套接字地址在以数据为中心的 UASNs 网络失去了意义。所以，传输层协议（TCP，UDP）关键的源和目的端口号字段已变得意义不大，单一的上层应用不需要通过 32bits 的端口号实现协议的分用及复用。

2.1.2　TCP/IP 传输层在 UASNs 中的应用局限性

传输层协议作为发送与接收数据包的多路复用/多路分解器（multiplexer/demultiplexer），使用端口号指引数据包送达至正确的应用进程。16bits 的端口号能够支持 65536 种上层应用，各种互联网应用因而得以迅速发展。UASNs 的应用数据分为多媒体和属性数据两种，应用单一，不需要占用四个字节的源和目的端口号。TCP/IP 传输层协议通常包括 TCP 和 UDP。UDP 是一种无连接、不可靠的传输协议，它除了提供进程到进程的通信，还能执行有限的差错检验（可选功能）。UDP 报文首部占 8B，相对于 TCP 来说，UDP 具有较低的控制开销，是一个非常瘦的协议。鉴于 Internet 标准最大传输单元（maximum transmission unit，MTU）值为 576B，这里假设 UDP 数据长度为 ℓ_{udp}^{d}，UDP 首部占 8B，IP 首部占 20B，则 $\ell_{\text{udp}}^{d} = 548\text{B}$，UDP 协议封装效率如下

$$\ell_{\text{udp}}^{d} / (\ell_{\text{udp}}^{d} + 8) \times 100\% = 98.56\% \tag{2.1}$$

设 UASNs 的属性数据长度为 $\ell_{\text{UWSNattr}}^{D}$，初始数据为一个三元组<位置，属性名，属性值>，不失一般性，这里可设三元组长度为 3B，则数据融合前，$\ell_{\text{UWSNattr}}^{D} = 3$。采用 UDP 封装，则 UASNs 网络的 UDP 协议封装效率如式（2.2）所示。可见，即使采用 TCP/IP 模型传输层的瘦 UDP 协议，UASNs 的协议效率仍然很低。

$$\ell_{\text{UWSNattr}}^{D} / (\ell_{\text{UWSNattr}}^{D} + 8) \times 100\% = 27.27\% \tag{2.2}$$

TCP 是一个面向连接的协议，提供了比 UDP 更多的功能。

1）流型数据传输（stream data transfer）

由 TCP 协议本身确定对应用数据如何进行分段，其上的应用程序不必为把数据分成基本的数据块而费心，这与 UDP 不同。UDP 是一个简单的面向数据包的协议，其上层协议进程需要将数据分成多个数据块交付给 UDP，UDP 对每一个数据块独立对待，添加首部信息，然后再交付给 IP 协议处理，而不考虑数据块之间的关系。TCP 允许发送进程以字节流的形式传递数据，接收进程也把数据作为字节流来接收，两

个进程通过一个虚拟管道连接，管道中传输的是两个进程的数据流。UASNs 应用的属性数据可由中间节点进行数据融合，单个分组中的数据可能来自多个监测节点，TCP/IP 的流型数据传输功能不再适用。

2）可靠服务

TCP 使用确认机制来检查数据是否安全和完整地到达，如果在一个超时间隔内没有收到一个确认（acknowledgement，ACK），则数据会被重传。使 TCP 端到端的确认机制不能直接应用在水声传感器网络中实现可靠传输服务的原因如下。

（1）传感器网络的事件探测具有群体特性，而不仅仅是单个源节点到目的节点的连接。

（2）大部分 TCP 的实现是基于窗口机制的流控制，而这种机制依赖于精确的往返时间（round trip time，RTT）预测。

（3）水下通信模块和硬件保护装置较为复杂，节点价格昂贵，部署稀疏，节点随水的流动而移动，造成 UASNs 连通性差。再加上路径损耗、噪声干扰、多普勒扩散等因素，水声信道误码率很高，信号在逐跳传输中的出错率很大，端到端的错误堆积（error accumulate）特点不适合高错误率的水声传感器网络[4]。UASNs 需要克服在数据链路层的高错误率短板，并结合延时容忍网络（delay tolerant network，DTN）模式间歇连通、网络编码等可靠传输技术。

3）流量控制

TCP 的流量控制是基于发送窗口在端到端的意义上实现的，发送窗口的大小取决于以下两个因素。

（1）当接收端的接收缓存区出现超出（overrun）和溢出（overflow）时，接收端应该通知发送方减小发送速率。

（2）如果网络无法像发送端那样快速地交付数据，也应当减小发送窗口。

当接收不到目的主机发来的 ACK 时，TCP 认为报文丢失是因为在源和目的之间出现了网络拥塞。在有线网络环境下，由报文损坏或链路传输造成的报文丢失的概率远远小于网络拥塞造成的丢失概率。但对于 UASNs，情况远非如此，水下声波通信的误码率高达 $10^{-7}\sim10^{-3}$，并且随着传输范围的增大而增大（IEEE 802.3 标准为 1000Base-T 网络制定的可接受的最高限度误码率为 10^{-10}），声波信号在水声信道的传输过程中出错的概率不容忽视。UASNs 应用数据沿着传感器节点到 sink 节点的上行路径传输，接收端的 sink 节点能量充足、存储与处理能力强，缓存区超出、溢出概率较小；沿 sink 节点到传感器节点的下行路径传输的控制信息由于信息量小，通常也不会引发缓存溢出，故 TCP 这种端到端的流量控制机制对于 UASNs 不再适用。

4）全双工服务

TCP 提供全双工服务，数据可在同一时间双向流动，而 UASNs 的数据传输具有方向性，数据总是从传感器节点向 sink 节点单向传输，控制信令从 sink 节点向传感器节点传送。

综上所述，TCP/IP 传输层协议的多路复用/多路分解、流型数据传输、可靠服务、流控、全双工等主要功能对于 UASNs 不再适用。TCP 报文长达 20B 的首部封装带来不小的额外开销，本书仍以 576B 的 Internet MTU 值为例，分别给出互联网与 UASNs 采用 TCP 协议封装的效率公式如下

$$\ell_{\text{TCP}}^{D} / (\ell_{\text{TCP}}^{D} + 20) \times 100\% = 96.4\% \tag{2.3}$$

$$\ell_{\text{UWSNattr}}^{D} / (\ell_{\text{UWSNattr}}^{D} + 20) \times 100\% = 13\% \tag{2.4}$$

式 (2.3) 为 TCP 协议在互联网应用的协议效率，式 (2.4) 为 TCP 协议在 UASNs 应用的协议效率，$\ell_{\text{TCP}}^{D} = 576\text{B} - 20\text{B}$ 的 IP 首部 $- 20\text{B}$ 的 TCP 首部 $= 536\text{B}$，$\ell_{\text{UWSNattr}}^{D} = 3$。

由式 (2.4) 可知，基于有线网络的 TCP 传输协议应用于 UASNs 会导致通信性能的严重下降，无用的额外字段将消耗大量处理器、带宽、能量等资源，无疑对有限的节点能量雪上加霜，在很大程度上降低了通信效率。

2.1.3　TCP/IP 网络层在 UASNs 中的应用局限性

IP 协议是 TCP/IP 架构模型中网络层的关键协议，主要用来提供主机到主机的交付。IP 首部包括版本号、TTL、分片、源目 IP 地址等固定 20B 的字段，再加上选项填充字段，IP 首部最长可达 60B。对于 UASNs，版本号、TTL、分片、源目 IP 地址等字段已经失去其在互联网中的原有意义。UASNs 是以数据为中心的网络，sink 节点收到的一个分组数据可能来自多个监测节点，UASNs 与互联网应用通信模式具有本质的不同，套接字地址在 UASNs 中也失去原有意义。在 UASNs 中，节点地址的改变通常不会造成通信的中断。

IP 包中长达 20B 的固定首部封装同样带来不小的开销，本书仍以 576B 的 Internet MTU 值为例，分别给出互联网与 UASNs 采用 IP 协议封装的效率公式如下

$$\ell_{\text{IP}}^{D} / (\ell_{\text{IP}}^{D} + 20) \times 100\% = 96.5\% \tag{2.5}$$

$$\ell_{\text{UWSNattr}}^{D} / (\ell_{\text{UWSNattr}}^{D} + 20) \times 100\% = 13\% \tag{2.6}$$

式 (2.5) 为 IP 协议在互联网应用的效率，式 (2.6) 为 IP 协议在 UASNs 应用的效率，$\ell_{\text{IP}}^{D} = 576\text{B} - 20\text{B}$ 的 IP 首部 $= 556\text{B}$，$\ell_{\text{UWSNattr}}^{D} = 3$。

由式 (2.6) 可知，基于有线网络的 IP 协议应用于 UASNs 会导致通信性能的严重下降，无用的额外字段将消耗大量处理器、带宽、能量等资源，降低了通信效率。

路由是网络层的重要功能。不同于传统互联网，UASNs 通信具有方向性(有向通信)，感知数据沿传感器节点到 sink 节点的上行方向传输，定位等控制信令沿 sink

节点至传感器节点下行传输，sink 节点是数据与信令的聚合点，既是 UASNs 节点，也是接入互联网的网关设备。由于水声通信能耗大于陆地无线电波通信，且 UASNs 节点发送能耗比接收能耗往往大很多倍，如何有效使用能量以延长网络生命期对于 UASNs 具有重要的意义。所以，减少不必要的流量是 UASNs 行之有效的路由方式。

　　TCP/IP 栈的路由协议通常采用表驱动路由协议，每个路由器都维护着一张包含到其他网络的路由表，并根据网络拓扑的变化实时更新，尽量准确地反映网络拓扑结构。这种路由协议的时延较小，但协议的开销较大，不适用于带宽、能量资源紧缺的无线网络。

　　目前传感器网络路由协议大致分为两类：查询路由和地理路由。查询路由中，汇聚节点发送兴趣消息指出查询任务。兴趣消息在整个网络中泛洪，以此逐跳建立从数据源到汇聚节点的反向路径。查询路由导致大量的通信开销、低能效和长延时。地理路由基于节点的位置或深度信息转发数据包。基于矢量的路由转发协议(vector-based forwarding，VBF)定义了一个从源节点到汇聚节点的路由管道，分组在该管道范围内泛洪。VBF 为每个分组计算缓存时间来抑制过多的冗余转发，在一定程度上提高了能效。基于深度的路由(depth based routing，DBR)也通过将数据包抑制一段时间来避免许多的冗余转发。然而，由于采用缓存、广播转发，VBF 与 DBR 都会带来较高的冲突、能耗和较长的延迟。此外，无论是 VBF 或 DBR 都采用贪心算法，容易导致本来连通的节点沦为孤立、失去路由。

　　以上的水下路由协议不能够很好地解决节点的能量受限的问题，造成网络的寿命非常的短，同时也不能够很好地解决数据的碰撞和较长的端到端的延迟问题。由于在水下传感网络中节点会随着水的流动而移动，造成网络的拓扑结构动态变化，以上的通信协议也无法很好地解决这个问题。

2.1.4　TCP/IP 数据链路层在 UASNs 中的应用局限性

　　媒体访问控制(MAC)是数据链路层的基本功能。MAC 子层主要负责信道的访问控制机制、合理高效地使用水声信道带宽资源等。MAC 协议设计对网络性能具有重要的影响，尤其是对低质量、高延时的水声信道系统。

　　MAC 协议设计需要考虑 UASNs 的能效、网络吞吐量、端到端的延迟等性能。UASNs 长延迟、低带宽、高误码率等独特的特点，使得现有的地面上的 MAC 协议无法直接应用于水声通信[5]。UASNs 采用水声通信，声波在水中的传播速度约1500m/s，与无线电波的传播速度相比低了将近 5 个数量级。由于水声信道的通信带宽受限，远程通信采用的最佳载频通常低于 20kHz，信道的可用带宽仅几千赫兹，从而给 MAC 协议的设计带来了巨大的挑战[6]。

　　MAC 协议通常可分为两类：基于竞争的协议和无竞争协议。基于竞争的协议包括随机访问和冲突避免两种机制。在随机访问 MAC 协议中，发送节点不经过任何信道协调就发送数据,很容易产生干扰。基于冲突避免的 MAC 协议多采用 RTS/CTS 握手机制协调发送和接收节点的信道争用,解决了隐藏发送终端和暴露接收终端问题,在一定程度上避免数据包之间的干扰,在负载繁忙的网络中其性能优于随机访问协议。但 RTS/CTS 的多次握手降低了水声信道利用率,由于握手机制造成的隐藏终端不能接收、暴露终端不能发送的信道闲置更是加重了低带宽、高延时的 UASNs 的负担。

　　无竞争的 MAC 协议包括频分多址访问(frequency division multiple access,FDMA)、时分多址访问(time division multiple access,TDMA)和码分多址访问(code division multiple access,CDMA)技术。众所周知,水声信道的可用频带比较低,FDMA 无法适用于 UASNs;TDMA 需要时间的精确同步,这对于高延时的 UASNs 是个困难问题,且水声信道需要长时间的侦听,导致 TDMA 的效率低下。

　　CDMA 允许在同一个频段上并发传输,通过正交扩频码分离信号,减少了数据的冲突和重传,对多径效应和多普勒效应具有一定的弹性。在蜂窝网络中,移动终端之间的通信需要通过广泛部署的基础设施——基站完成,CDMA 使用基站为移动终端分配扩频码并协调信道访问。这些方法不能用在多跳自组织 UASNs,CDMA 在 UASNs 中的应用需要为每个节点分配扩频码。

2.1.5　TCP/IP 物理层在 UASNs 中的应用局限性

　　UASNs 采用声波通信,水声的传播速度通常为 1500m/s,比光电信号的传播速度低 5 个量级,导致 UASNs 网络的传播延迟很大。通常电信号的传播延时为微秒或毫秒量级,而水下声波的传播延时达到秒级。水声信道的误码率较高,通常在 $10^{-7} \sim 10^{-3}$。UASNs 通信可用频带窄,通常在几十到几百 kHz 之间。研究表明,UASNs 的传输距离与带宽积最大为 40km×Kbit/s,而 IEEE 802.11 的无线电波通信可达到 5000km×Kbit/s。

　　水声通信信道的信道衰落特性不仅是传输距离的函数,同时也是传输频率的函数。水声信号的频率相关传输特性是由其信号的吸收损耗中声波信号转化为热量所致[7]。正是这种频率依赖特性导致了水声通信可用带宽极其有限。水声信道的不同决定了 TCP/IP 的底层 LAN、WAN 技术在 UASNs 的应用局限性。

　　综上所述,TCP/IP 协议栈在 UASNs 网络存在较大的局限性。

2.1.6　ZigBee 协议栈在 UASNs 中的局限性

　　ZigBee 协议栈是建立在 IEEE 802.15.4 的 PHY 层和 MAC 子层规范之上,实现了网络层(network,NWK)、安全层(security service provider,SSP)和应用层(application,APL),如图 2.3 所示。应用层提供了 ZigBee 设备对象(ZigBee device object,ZDO)和应用支持子层(application support,APS)。应用框架(application framework，AF）加入了用户自己定义的应用对象。ZigBee 协议栈的核心层是网络层，它负责建立网络、加入设备、搜索路由和传递消息。这些功能将通过网络层数据服务访问点 NLDE-SAP 和网络层管理服务访问点（network layer management entity，NLME）。应用层提供相应的服务由 SAP 向协议栈提供。

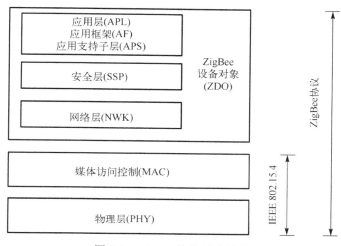

图 2.3　ZigBee 协议层次结构

　　ZigBee 一般应用在工业自动化、监控检测、医疗、幼儿监护、物流管控等场景中，为了验证 ZigBee 网络上交换的每一个数据包在较低层定义了可选的安全性，其优点是成本低、功耗低、速率低、复杂度低、可靠性高，这些优点使其广泛应用在物联网中。ZigBee 的物理层可在 2.4GHz（全球流行）、868MHz（欧洲流行）和 915MHz（美国流行）这三个无线电波频段中工作。其中，MAC 的接入方采用了 CSMA/CA、时隙 CSMA/CA 信道和完全握手协议，协议栈的核心部分是网络层，它主要实现节点的离开或加入网络、抛弃或接收其他节点、查找路由以及数据的传送。支持 Cluster-Tree、AODV、Cluster-Tree＋AODV 等多种路由算法。支持星形（Star）、树形（Cluster-Tree）、网格（Mesh）等网络拓扑结构。这与 UASNs 有很大的区别。

　　由于 UASNs 采用声波通信，大部分水声系统在 30kHz 以下工作；UASNs 有很高的网络延时且具有较大的时空变特性，设置 ACK 应答定时机制非常困难，使得信道利用率很低。ZigBee 网络中的 Cluster-Tree 在路由方面是按父子关系进行选择的，会造成额外的路由开销；UASNs 生存期因高层节点业务量过大而过早消耗掉电池能量造成网络分割，网络寿命降低；在大规模水下移动网络中也不适合 AODV，因为它的路由是根据临时需要建立的泛洪路由请求消息，开销很大。

2.2　MicroANP 协议体系架构

目前存在多种无线通信协议，不同生产厂家在硬件平台、操作系统等方面没有统一的标准。ZigBee 协议栈在物理层与数据链路层基于 IEEE 802.15.4 标准。IEEE 802.15.4 是为省电而设计的标准，要求短时间的数据传输操作，不能传输大量数据。水声信道的独有特性使 UASNs 协议设计面临诸多挑战。目前，UASNs 研究多集中在路由、MAC 协议与安全通信，且大多基于传统的五层协议模型，针对 UASNs 的协议体系架构较少有人问津。水下信道复杂多变、节点资源十分有限，基于传统五层模型的协议多采用跨层设计。跨层引入了大量不必要的仅仅是传递参数的服务调用，信息共享程度低，导致无法克服的复杂问题，降低了通信效率。UASNs 节点的计算、存储、能量等资源十分有限，其上运行的协议栈不能太复杂。因此，UASNs 亟须研究新型通信协议栈。

本书通过分析 UASNs 水声信道特性以及面临的技术挑战，提出 MicroANP (micro-application/network transmission/physical) 协议架构模型，将 UASNs 通信协议分为应用层、网络传输层和物理层。MicroANP 将传统五层模型的传输层、网络层和数据链路层功能合并为 UASNs 的网络传输层，解决了 UASNs 传感器节点的计算、存储、能量等资源十分有限，其上运行的协议栈不能太复杂的难题。

在 MicroANP 协议架构模型中，应用层包括基于监测任务的应用层软件（如视频、音频、图像、数据处理软件），并对非紧急属性数据执行应用层数据整合（ALDA）。网络传输层负责路由转发、多址访问、可靠传输等一系列问题。物理层提供简单健壮的信号调制、解调和无线收发技术。

由 2.1.1 节和 2.1.2 节可知，TCP/IP 的传输层协议基于端口号的复用与分用不适合 UASNs 的单一应用；由于水声信道的独有特性，TCP 协议提供的端到端可靠服务、流量控制机制、全双工服务、流型数据传输等高级功能在以数据为中心的 UASNs 中失去原有效用，无用的额外字段将消耗大量处理器、带宽、通信等资源，增加了节点的能量消耗，缩短了 UASNs 生命期。因此，在 MicroANP 协议架构中取消了 TCP/IP 的传输层，将 TCP/IP 架构中的可靠传输功能通过下层协议实现，在提高通信效率的同时，中间节点在转发数据之前还可以使用 ALDA 数据融合技术，基于应用数据语义对数据执行融合处理。

在 UASNs 的 MicroANP 协议架构中，将 TCP/IP 原有的传输层、网络层与数据链路层合并为一个网络传输层的主要分析如下。

(1) 与以地址为中心的互联网不同，UASNs 是以数据为中心的任务型网络，数据融合是 UASNs 的基本需求。将传输层、网络层、数据链路层合并为网络传输层，便于中间节点在执行路由转发之前调用应用层协议对数据执行 ALDA 融合处理, 既能保持 ADDA 融合的可靠性与高效性, 又能有效避免跨层理解应用数据的困难性。

(2) 由于进行了数据融合处理, 分组数据可来自多个传感节点。TCP/IP 传输层的源和目的端口号、网络层的源和目的 IP 地址, 以及数据链路层的源和目的 MAC 地址字段对于 UASNs 通信显得过于臃肿。

(3) UASNs 采用有向通信, 网络流量通常可以分为上行流量和下行流量。上行流量源自传感器节点, 目的为 sink 节点, 如音视频、图像、属性数据等监测信息。下行流量源自 sink 节点, 目的为传感器节点, 如信标、控制信息等。UASNs 通常不存在传感器节点间的通信(转发除外)。UASNs 中传输的属性信息通常需要附加位置信息, 所以节点定位是 UASNs 不可避免的。因此采用较低通信开销的限定扩散或地理路由不失为明智之举。有向通信使得 UASNs 路由表条目较少。而互联网路由器通常需要获取所有网络的路由, 一台互联网骨干路由器通常包含几十、几百万的路由条目。因此 UASNs 路由相对简单、易于实现。

UASNs 将传输层、网络层与数据链路层合并为网络传输层, 在协议封装上减少了多重地址字段、协议数据单元(protocal data unit, PDU)首部长度字段、用于差错检验的校验字段、(上层)协议类型或协议号字段等, 省去了不必要的传递参数的服务调用, 提高了通信效率; 减少了通过跨层设计提高网络性能带来的负面的复杂性问题, 提高了资源有限的 UASNs 中信息共享程度。

如表 2.1 所示, 在 MicroANP 模型的网络传输层分组(packet)中, 包含发送节点层级(8bits)、发送节点 ID(8bits)、接收节点 ID(8bits)、分组类型(2bits)、帧序列号(6bits)、是否要求立即确认(1bit)、是否属于数据块流(1bit)、参与编码的包 IDs(24bits)、数据块的 ID(8bits)、数据块的大小(6bits)、流向(1bit)、sink 节点的 ID(2bits)、(源/目的)地址分类(1bit)、上行流量的源节点地址 ID/下行流量的目的节点的位置或 ID(48bits)、应用优先级(4bits)、负载长度(8bits)、数据(长度可变)、校验码(16bits)共 18 个字段, 19 个字节(变长数据字段除外)。

层级字段: 节点层级字段表示发送节点距离网络中枢——sink 节点的跳数。UASNs 采用有向通信, 或源自 sink 节点的下行传输, 或目的为 sink 节点的上行传输。因此, sink 节点是 UASNs 的枢纽, 其周围的传感器节点为分组传输担任中继任务, 节点越靠近 sink 节点, 担任的中继通信量越大, 对网络的支撑作用越大。鉴于此, 基于距 sink 节点的跳数对节点分层级。节点的层级越小, 节点在网络中地位越高。其中, sink 节点层级用 0 表示, sink 节点的一跳邻居节点的层级为 1, 二跳邻居节点的层级为 2, 以此类推。值得指出的是, 节点层级是 UASNs 路由转发的重要依据。

流向字段: 当流向字段取值为 0 时表示下行传输, 即分组源自 sink 节点, 目的分为广播、组播和单播三种, 分别对应于地址分类和节点地址两个字段(0, 0)、(0,

节点位置)、(0，节点 ID)三种取值；当流向字段取值为 1 时表示上行传输，分组源自传感器节点，其传输目的为 sink 节点。

表 2.1　MicroANP 网络传输层分组格式

比特数	8	8	8	2	6	1	1	6×4(度)=24	8
字段名称	发送节点层级	发送节点ID	接收节点ID	分组类型 00：数据 01：确认 10：控制	帧序列号	是否要求立即确认 1：是 0：否	是否属于数据块流 1：是 0：否	参与编码的包 IDs	数据块 ID
比特数	6	1	2	1	144	4	8	可变长的	16
字段名称	数据块大小	流向 0：下游 1：上游	sink 节点ID	(源/目的)地址分类 0：位置 1：节点标识	上行流量的源节点地址 ID/下行流量的目的节点的位置或ID，全"1"表示广播	应用优先级(应用数据类型)	负载长度	数据	校验码

　　五个地址相关字段(层级、发送节点 ID、接收节点 ID、地址分类、源/目的节点地址)：节点层级与发送节点 ID 两个字段表示发送节点(分组的上一跳节点，而非源节点)信息，接收节点 ID 表示分组的下一跳节点信息。这三个字段随分组的传输而逐跳改变；地址分类与节点地址两个字段表示上行分组的源或下行分组的目的节点信息，这两个字段值在分组传输过程中保持不变。当地址分类字段值为 0 时，其后的地址字段用节点位置标识，位置为 0，表示广播分组；当地址分类为 1 时，节点地址用 ID 标识，表示上行分组的源或下行分组的目的为单一节点。

　　MicroANP 网络传输层分组中，流向、节点层级、节点 ID、地址分类、节点地址等字段是区别于 TCP/IP、ZigBee 等传统协议封装的特色字段，作为 UASNs 路由转发的重要依据。

　　节点层级的获取：节点层级通过定位信息的传输而获得。UASNs 中，节点定位是水下监测必不可少的关键步骤。信标节点(通常为 sink 节点)定期广播自身位置信息，将定位分组的级别字段填为 0，则一跳邻居节点根据接收分组级别为"0"获知自身级别为 1，之后修改分组的层级字段为"1"后执行转发，则当网络达到收敛后，每个节点都将得到自己的层级信息。相邻层级的邻居节点形成父子关系。

　　帧序列号字段用于标记该帧在帧链中的顺序，包 IDs 字段表示所有参与异或的原始包的 IDs；立即确认字段用于通知接收节点是否立即返回 ACK 确认，"1"表示立即确认，"0"表示暂不确认。应用优先级字段用来区分应用层协议，如表 2.2 所示。不同的应用协议具有不同的优先级和服务质量(quality of service，QoS)，并采用不同的传输技术。负载长度字段占 8bits，表示分组中应用数据字段的长度；数据字段长度可变。FCS 校验码长度为 16bits，用来校验分组在传输过程中是否出现差错。

表 2.2　应用优先级

优先级	上层协议	优先级	上层协议
0	属性数据	4	视频
1	综合管理	5	紧急报警信息
2	图像	6	—
3	音频	7	—

MicroANP 封装的控制字段开销占 19 个字节；TCP/IP 协议栈控制字段至少占 48～61 个字节。可见，MicroANP 控制字段少，因此具有较高的协议封装效率。

2.3　MicroANP 包负载优化

包负载大小在很大程度上影响着网络通信性能。给定通信链路误码率，包负载越大，包的错误传输概率越高。因此，包负载的大小直接影响通信的可靠性。本书以极大化包吞吐量 $P_{\max}^{\text{tput}}$、极小化每数据比特能耗(此后统一简称为每比特能耗) $P_{\min}^{\text{eng}}$、极小化每比特资源消耗 $P_{\min}^{\text{res}}$ 为三个目标函数，对 MicroANP 模型下包的最佳负载长度进行优化设计。

(1)包吞吐量计算公式为

$$\text{TPUT} = \frac{\ell_{\text{appdata}}(1 - \text{PER}_{\text{e2e}})}{T_{\text{flow}}} \tag{2.7}$$

其中，ℓ_{appdata} 为包负载长度，即应用层数据的长度。PER_{e2e} 为端到端的包错误率，则其计算公式为

$$\text{PER}_{\text{e2e}} = 1 - \prod_{i=1}^{n_{\text{hop}}}(1 - \text{PER}_i) \tag{2.8}$$

其中，PER_i 为采用 FEC 编码传输的第 i 跳的包错误率。这里假设采用 (n,k,t) 分组码，n 表示分组的长度，k 是负载的长度，t 表示纠错能力为 t 比特。采用 FEC 编码传输的包错误率 $\text{PER}_i^{\text{FEC}}(n,k,t,\ell_{\text{appdata}})$ 的计算公式为

$$\text{PER}_i^{\text{FEC}}(n,k,t,\ell_{\text{appdata}}) = 1 - (1 - \text{ERR}_{\text{block}}(n,k,t))^{\frac{\ell_{\text{appdata}}}{k}} \tag{2.9}$$

其中，$\text{ERR}_{\text{block}}(n,k,t)$ 表示分组错误率，即传输一个分组时错误的比特数大于 t 的概率，其计算公式为

$$\text{ERR}_{\text{block}}(n,k,t) = \sum_{i=t+1}^{n}\binom{n}{i}p_b^{\ i}(1 - p_b)^{n-i} \tag{2.10}$$

其中，p_b 表示误码率。

P_b^{FSK} 表示非相干 FSK 调制误码率，其计算公式为

$$P_b^{\text{FSK}} = \frac{1}{2}\text{e}^{\frac{E_b/N_0}{2}} \tag{2.11}$$

其中，E_b/N_0 的计算公式为

$$E_b/N_0 = \psi\,\frac{B_N}{R_{\text{bit}}} \tag{2.12}$$

其中，ψ 为信噪比，B_N 为噪音带宽。

T_{flow} 为端到端的延时，即从传感器节点开始传输该包并经过多跳最终到达 sink 节点所经历的时间，由三部分组成，即

$$T_{\text{flow}} = T_{\text{sensor}} + T_{\text{propagation}} + T_{\text{transaction}} \tag{2.13}$$

其中，T_{sensor} 表示在传感器节点生成包的延时，其计算公式为

$$T_{\text{sensor}} = \frac{\ell_{\text{appdata}}}{R_{\text{produce}}} \tag{2.14}$$

其中，R_{produce} 表示数据比特的产生率。对于 UASNs，R_{produce} 通常为 1～5bit/s。

$$T_{\text{propagation}} = E[n_{\text{hop}}(D)] \cdot \frac{E[d_{\text{hop}}]}{\upsilon} = L_{\text{sour−node}} \cdot \frac{D - \text{Radius}_{\text{trans}}}{(L_{\text{sour−node}} - 1) \cdot \upsilon} \tag{2.15}$$

其中，υ 表示水声传播速度；$\text{Radius}_{\text{trans}}$ 表示传输半径；$E[n_{\text{hop}}(D)]$ 表示当传感器节点至 sink 节点的距离为 D 时，从该节点传输的包到达 sink 节点需要经过的平均跳数，其计算公式为

$$E[n_{\text{hop}}(D)] = L_{\text{sour−node}} \cong \frac{D - \text{Radius}_{\text{trans}}}{E[d_{\text{hop}}]} + 1 \tag{2.16}$$

当采用 LB-AGR 路由协议时，$E[n_{\text{hop}}(D)]$ 近似为源传感器节点的级别 $L_{\text{sour−node}}$。$E[d_{\text{hop}}]$ 表示每跳的平均距离，其计算公式为

$$E[d_{\text{hop}}] \cong \frac{D - \text{Radius}_{\text{trans}}}{L_{\text{sour−node}} - 1} \tag{2.17}$$

$T_{\text{transaction}}$ 表示每个中间节点的传输延时，由两部分组成：接收延时和转发延时，其计算公式为

$$T_{\text{transaction}} = T_{\text{recv}} + T_{\text{forw}} = 2E[n_{\text{hop}}(D)] \cdot \left(\frac{\ell_{\text{total}}}{R_{\text{bit}}} + T_{\text{dec}}\right)$$
$$= 2L_{\text{sour−node}} \cdot \left(\frac{\ell_{\text{total}}}{R_{\text{bit}}} + T_{\text{dec}}\right) \cong 2L_{\text{sour−node}} \cdot \frac{\ell_{\text{total}}}{R_{\text{bit}}} \tag{2.18}$$

其中，T_{dec} 表示采用 FEC 传输机制时的解码延时，较传输延时 $T_{transaction}$，解码延时 T_{dec} 可以忽略不计；ℓ_{total} 计算公式为

$$\ell_{total} = \ell_{appdata} + \ell_{redundancy} + \ell_{control} \tag{2.19}$$

$$\ell_{redundancy} = (n-k) \cdot \left(\frac{\ell_{appdata}}{k} \right) \tag{2.20}$$

其中，$\ell_{control}$ 表示控制字段的长度。

（2）每比特能耗计算公式为

$$ENG_{bit} = \frac{E_{flow}}{\ell_{appdata}(1 - PER_{e2e})} \tag{2.21}$$

其中，E_{flow} 表示从源节点到 sink 节点传输一个包所消耗的能量。E_{flow} 由两部分组成：接收能耗与转发能耗，其计算公式为

$$E_{flow} = E_{forw} + E_{recv} \tag{2.22}$$

其中

$$E_{forw} = \left(E_{dec} + \frac{\ell_{total}}{R_{bit}} \cdot P_{forw} \right) \cdot E[n_{hop}(D)] \cong \frac{\ell_{total}}{R_{bit}} \cdot P_{forw} \cdot L_{sour-node} \tag{2.23}$$

$$E_{recv} = \left(E_{dec} + \frac{\ell_{total}}{R_{bit}} \cdot P_{recv} \right) \cdot E[n_{hop}(D)] \cong \frac{\ell_{total}}{R_{bit}} \cdot P_{recv} \cdot L_{sour-node} \tag{2.24}$$

其中，E_{dec} 表示解码能耗。与传输能耗相比，解码能耗可忽略不计。R_{bit} 表示节点每秒钟的传输的比特，即节点的数据传输速率。P_{forw} 表示节点的发送功率，P_{recv} 表示节点的接收功率。

（3）每比特能耗计算公式为

$$RES_{bit} = \frac{E_{flow} T_{flow}}{\ell_{appdata}(1 - PER_{e2e})} \tag{2.25}$$

本节在 UASNs 环境的多跳通信中，基于 MicroANP 架构模型，采用 MATLAB 作为仿真工具，就包负载长度对包错误率（packer error rate，PER）、能量消耗、端到端的延时等网络性能的影响进行仿真分析。除非特殊指明，仿真参数如表 2.3 所示。仿真结果如图 2.4～图 2.13 所示。

表 2.3　MATLAB 仿真参数

参数	取值	参数	取值
B_N /kHz	25	Radius$_{trans}$ /m	1500
R_{bit} /(Kbit/s)	10	n	128
P_{forw} /W	2	k	78
P_{recv} /W	0.75	t	7
υ /(m/s)	1500	$\ell_{control}$ /B	10

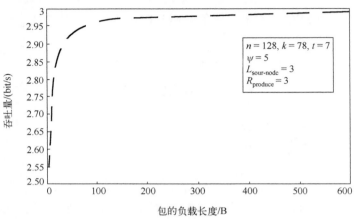

图 2.4　吞吐量与负载长度对比

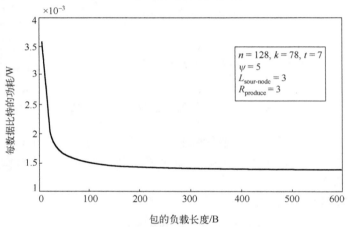

图 2.5　能耗与负载长度对比

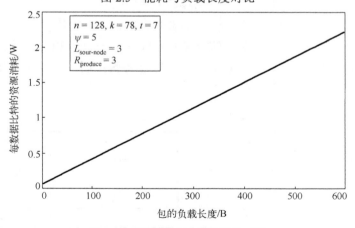

图 2.6　资源消耗与负载长度对比

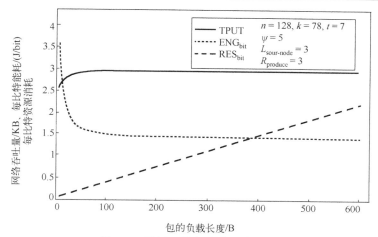

图 2.7　目标函数与负载长度对比

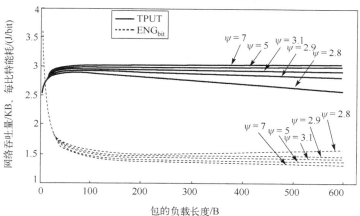

图 2.8　吞吐量、能耗与负载长度对比

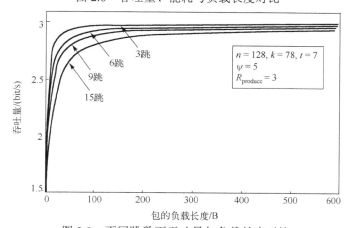

图 2.9　不同跳数下吞吐量与负载长度对比

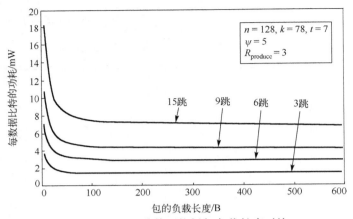

图 2.10　不同跳数下能耗与负载长度对比

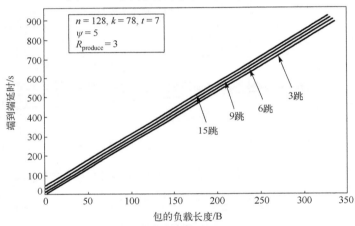

图 2.11　不同跳数下延时与负载长度对比

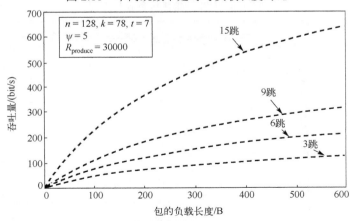

图 2.12　吞吐量与多媒体负载长度对比

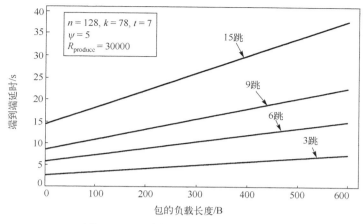

图 2.13　延时与多媒体负载长度对比

图 2.4～图 2.13 表明，MicroANP 架构模型下，当包负载长度大于 50B 时，UASNs 的网络吞吐量和能量消耗趋向于各自的稳定值。但随着包负载的逐渐增加，端到端的延时急剧增加。这是因为传感器网络节点产生属性数据的速度很慢。但对于多媒体数据，情况就并非如此了。

参 考 文 献

[1]　Akyildiz I F, Pompili D, Melodia T. State of the art in protocol research for underwater acoustic sensor networks[C]//Proceedings of the 1st ACM International Workshop on Underwater Networks, New York, 2006: 7-16.

[2]　Harris III A F, Stojanovic M, Zorzi M. When underwater acoustic nodes should sleep with one eye open: Idle-time power management in underwater sensor networks[C]//Proceedings of the 1st ACM International Workshop on UnderWater Networks, New York, 2006: 105-108.

[3]　Syed A A, Wei Y, Heidemann J. T-Lohi: a new class of MAC protocols for underwater acoustic sensor networks [C]//Proceedings of INFOCOM 2008, Piscataway, 2008: 231-235.

[4]　Wan C, Campbell A, Krishnamurthy L. PSFQ: a reliable transport protocol for wireless sensor networks [C]//Proceedings of WSNA, Vilnius, 2002: 1-11.

[5]　Molins M, Stojanovic M. Slotted FAMA: a MAC protocol for underwater acoustic networks [C]//Proceedings of IEEE Oceans Conference, Singapore, 2006: 63-68.

[6]　Pompili D, Melodia T, Akyildiz I F. A distributed CDMA medium access control for underwater acoustic sensor networks [C]//Mediterranean Ad Hoc Networking Workshop, 2007: 63-70.

[7]　Coates R. Underwater Acoustic Systems [M]. London: Macmillan Education, 1989.

第 3 章　仿真与现场试验软硬件

由于 UASNs 仅仅经过数十年的发展，并且水下环境是目前研究人员面临的最为复杂的通信环境之一，所以，UASNs 的发展面临诸多挑战。为了提高 UASNs 的性能，研究人员近年来针对水下环境特点提出众多的水下网络协议与算法。为了验证这些协议与算法的有效性与可靠性，研究人员需要通过软件模拟仿真与实际外场试验的手段获取数据以进行分析。

然而，不同于陆地网络，对于 UASNs，真实的外场试验需要花费大量的人力、物力、财力，一般的科研机构难以承担频繁的外场试验。因此，软件模拟器与试验床是水下网络仿真试验必不可少的两个主要工具。

现有的水下网络软件模拟器大多只针对网络的某一方面进行模拟仿真，如突出物理层信道特性仿真或网络层仿真。如此设计虽然可以简化模拟器结构与缩短开发时间，但是由于水下环境的复杂性，这样的水下网络模拟软件往往不能模拟真实的网络性能。

另一方面，由于水声 Modem 特殊的结构设计，特别是采用不同技术手段的 Modem 其性能特性往往有很大差别，所以，单纯依靠网络软件模拟器在一些时候还不能精确模拟网络真实性能及特性，此时研究人员需要借助试验床验证新协议与算法。试验床的另一个主要功能是提供与真实系统类似的开发与测试环境，为外场试验前的准备工作提供充分的准备。

本章简单介绍了现有 UASNs 仿真软件，并选用 NS3 作为 MicroANP 协议开发工具，进一步给出通过水下网络试验床对协议栈进行现场测试的设计。

3.1　水声传感器网络仿真器

当前 UASNs 使用的仿真软件有多种，例如，OPNET、GloMoSim、QualNet、NS2、MATLAB、OMNeT++、GTNetS、NS3 等。各个仿真软件都有其自身的优缺点。

1. OPNET

OPNET 公司于 1987 年发布了第一个商业化的网络性能仿真软件，提供了具有重要意义的网络性能优化工具。目前已经开发了包括 Modeler、ITguru、SPGuru、WDMGuru、ODK 等一系列产品[1]。OPNET 仿真软件能够满足大型复杂网络的仿真需要，支持各类通信网络和分发系统的模拟与仿真。与其他通信仿真软件相比，

OPNET 仿真软件具有以下特点。

(1)提供三层建模机制。底层为 Process 模型。以有限状态机描述协议，使用 C 语言编程。Node 模型由相应协议模型构成，每一个模块都有自己的输入、输出、状态存储器以及一整套从输入到输出的计算方法。有些模块的功能可以由使用者自行设置，反映设备特性。上层为网络拓扑模型，在这一层不仅描述整个系统，而且描述系统内各实体的物理位置、互相间的链接及配置。网络拓扑模型由子网、通信节点和通信链接组成。三层模型和实际的网络、设备、协议层次完全对应，能全面反映网络的相关特性。

(2)提供了一个比较齐全的标准模型库，包括物理层、数据链路层、网络层、路由协议、传输层、应用层等。

(3)采用离散事件驱动(discrete event driven)的模拟机理，只有网络状态发生变化时模拟机才工作，与时间驱动相比，计算效率得到很大提高。

(4)采用混合建模机制，把基于分组的分析方法和基于统计的数学建模方法结合起来，既可得到非常细节的模拟结果，又大大提高了仿真效率。

(5)具有丰富的统计量收集和分析功能。它可以直接收集常用的各个网络层次的性能统计参数，还有丰富的图表显示和编辑功能、模拟错误提示告警功能，能够方便地编制和输出仿真报告。

2. QualNet

QualNet 是由美国的 SNT 公司开发的一款网络仿真软件，前身是 GloMoSim。QualNet 使用 C 语言作为开发语言，采用 PARSEC(parallel simulation environment for complex systems)并行仿真内核，适用于大型有线和无线网络[2]。它具有较快的仿真速度、较小的使用难度、真实的建模、丰富的构件库、支持多种操作系统、延伸性(QualNet 可以连接到其他硬件和软件程序，可增强动画效果)以及并行仿真等特点。此外，QualNet 网络仿真软件作为一款商业软件，有偿使用、费用高的特点限制了它的广泛使用。

3. NS2 下的 Aqua-Sim 软件包

NS2 是一种面向对象的、离散时间的完全免费的仿真器，它的源代码完全公开，方便使用者根据实际需要进行扩展和更改，它可以运行于 Windows 或者 UNIX 系统上。由于诸多的便利，NS2 已经在学术界得到了广泛应用[3]。

NS2 是一款面向对象的网络仿真器，可以通过脚本语言描述完成各种网络场景的模拟。NS2 采用 C++类库编写常用的网络协议以及其他网络模块，通过这些描述类，用户可以描述整个网络环境，甚至包括详细的实现细节。

NS2 的编程语言分为两种：C++和 OTcl。选择这两种语言，主要出于两方面的考虑。一方面，需要使用一种能高效率处理字节、报头数据的编程语言，来模拟和实现具体协议，并且能够对某种处理大量数据的算法进行描述。想要实现这方面的要求，最重要的一点就是运算速率，至于其他诸如漏洞查找和修复、程序的编译和运行等因素都是相对较为次要的。C++快速的处理能力非常适合内部程序的实现。另一方面，需要一种面向网络的描述型语言，来实现对网络场景中各项参数和各个组件的配置，并且能够快速发现描述中的错误，在短时间内加以改正。脚本语言能够很好地完成描述性工作，NS2 的外部描述部分由面向对象的 OTcl 脚本语言来完成。

　　NS2 仿真器的使用可以划分为两个层次。第一，网络环境较为简单，只需要用 OTcl 脚本语言描述整个网络的各个元素，便可完成。该层次的仿真直接调用了 NS2 中现有的网络模块。第二，主要用于研究型的网络仿真。例如，当研究者设计出一款新的或者改进的网络协议，该协议在 NS2 中并不存在，需要通过仿真对该协议进行分析，因此需要通过 C++编程对 NS2 进行扩充。

　　Aqua-Sim 是以 NS2 为基础，针对水下环境特点开发的 UASNs 仿真软件，该软件是由 UCONN 的 UASNs 实验室开发完成的。Aqua-Sim 可以模拟声信号的衰减、传播延迟、包碰撞等 UASNs 特性，同时可以有效支持三维拓扑结构。Aqua-Sim 与现有 CMU wireless package 的关系如图 3.1 所示。

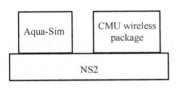

图 3.1　Aqua-Sim 结构示意图

（1）优点。NS2 的可扩展性和易扩展性是其成为传感器网络主流模拟器的主要原因，Aqua-Sim 同样继承了上述的优点，它不仅集成了如 R-MAC、TuMAC、VBF、DBR 等水下 MAC 和路由协议，同时研究人员可以加入自己开发的新协议。

（2）缺点。Aqua-Sim 物理层传播模型采用最基本的 Thorp 模型，传播延迟只考虑了距离参数，而在实际环境中声速易受外界环境影响而发生变化；传播损耗模型只考虑了频率和距离，而没有考虑噪声因素。另外，作为 NS2 固有的局限，Aqua-Sim 同样缺乏应用模型，缺乏针对调制解调方式的定制化仿真。

　　4. MATLAB

　　MATLAB 是美国 MathWorks 公司出品的商业数学软件，用于算法开发、数据可视化、数据分析以及数值计算的高级技术计算语言和交互式环境，主要包括 MATLAB 和 Simulink 两大部分。

　　MATLAB 主要面对科学计算、可视化以及交互式程序设计的高科技计算环境。它将数值分析、矩阵计算、科学数据可视化以及非线性动态系统的建模和仿真等诸多强大功能集成在一个易于使用的视窗环境中，为科学研究、工程设计以及必须进行有效数值计算的众多科学领域提供了一种全面的解决方案，并在很大程度上摆脱了传统非交互式程序设计语言（如 C、Fortran）的编辑模式，代表了当今国际科学计算软件的先进水平[4]。

在水声学中，经常使用两种方法来研究水声信号的传播问题，第一种方法是波动理论，研究声信号的振幅和相位在声场中的变化；第二种方法是射线理论，在高频情况下，可以把声波看成射线束，通常研究声场中声强随射线束的变化，射线声学是一种近似处理方法，但是，在许多情况下，都能十分有效和清晰地解决海洋中的声场问题。MATLAB 是研究声线传播模型的理想手段。

5. OMNeT++

OMNeT++是由布达佩斯大学通信工程系开发的一款非商业免费的、开源的网络仿真软件，开发语言可以使用 C++或者 NET（network description）语言，主要在广大高校研究人员和网络协议开发者之间广泛应用[5,6]。OMNeT++具有完善强大的图形用户界面接口、集成开发环境和嵌入式仿真内核，支持在多种操作系统（Windows、Mac OS、Linux，UNIX 等）上运行，具有较好的灵活性、易于编程及扩展性较好等特点。OMNeT++网络仿真软件还可以用来仿真任何离散事件的通信协议和各类系统。

6. NS3

NS3 是 2006 年美国华盛顿大学研究人员设计并开发的一款免费使用、修改的网络模拟器[7]。NS3 吸取了 NS2、GTNetS 的成功技术和经验，利用 C++编写，研究人员既可以利用 C++开发扩展模块，又可以编写网络仿真脚本，同时，NS3 提供了 Python 脚本语言的绑定，研究人员可以使用 Python 语言编写网络仿真脚本，这是 NS3 与 NS2 最明显的区别。与 NS2 相比，NS3 简单易学、易扩展、节省资源、与真实网络相近且能集成至试验床和虚拟环境。

7. JiST

JiST 是用 JAVA 语言编程开发出的网络模拟仿真中的一种方法，适用于 MANET 网络的仿真，具有可扩展性、高效性和强壮性。它主要用在与 JiST 上建立的 Ad Hoc 的模拟器 SWANS 进行连接。JiST 基本上保留了 JAVA 语言的优点，面向对象编程，具有仿真平台的独立性，能够提供丰富的类库，使仿真程序的编写过程较为简单。但是，该软件的开发者不再对该软件进行维护，JiST 的官方发展也已经停滞。

8. SimPy

SimPy 是基于标准 Python 语言开发的面向过程的离散事件模拟仿真软件，通过产生一系列事件并按照仿真时间进行计划安排升序排序，在事件的循环序列中触发并执行，产生回调返回响应值，在各种行业中已经广泛应用，例如，工厂制造业、快递物流、食品餐饮业等工业仿真中都有所应用，并在网络通信仿真中也有所应用。SimPy 中的仿真实体是进程，进程是并行执行的，各进程之间可以相互改变 Python 对象，该模拟仿真软件为仿真进程的同步提供指令并为仿真数据的监测提供命令。

　　2009 年，Weingartner 等对 OMNeT++、JiST、SimPy、NS2 和 NS3 进行了仿真实验，仿真场景如图 3.2 所示，图中"⓪"为发送节点，"⑮"为接收节点[8,9]。

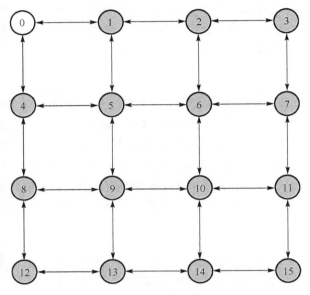

图 3.2　仿真场景

　　该实验从网络规模对分组丢失率的影响、网络规模和仿真时间的关系、分组丢失率和仿真时间的关系、分组丢失率和内存使用的关系等方面对 5 款仿真软件进行了性能评估，图 3.3 和图 3.4 分别为分组丢失率和仿真时间与分组丢失率和内存使用关系仿真结果图。

　　可以看出，无论是分组丢失率与内存使用还是分组丢失率与仿真时间的关系，NS3 均占有较强的优势，综合性能较高。因此本书的 MicroANP 水声传感器网络协议栈采用 NS3 仿真工具对协议的性能进行仿真评估与分析。

　　NS3 不是 NS2 的扩展，而是由美国华盛顿大学研究人员研发的全新的网络仿真平台。NS3 网络仿真平台吸取了许多现有的流行的网络仿真软件的优点及相关技术（如 NS2 的部分模块被移植整合到 NS3 中），主要用途是为科研和教育领域提供免费开源的仿真工具，能够根据自身网络的需求进行修改和添加相应的算法协议模块，具有较好的扩展性。NS3 支持在 Linux 和 Mac 等操作系统运行，可以使用 Python 语言和 C++语言进行新的算法协议开发。

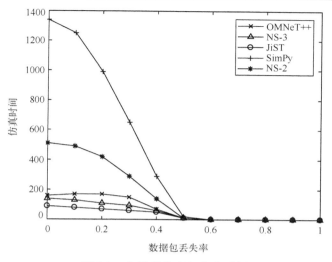

图 3.3　分组丢失率与仿真时间

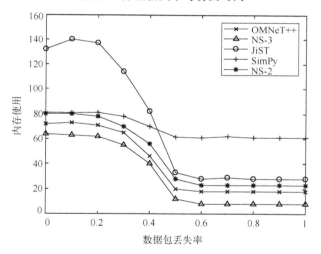

图 3.4　分组丢失率与内存使用

在 NS3 网络仿真平台中，包含了 UAN（underwater acoustic network）通信模块，UAN 模块提供了水声信道模型、声学调制解调器等模块，能够模拟真实的 UASNs 场景，为 UASNs 的研究人员提供了一个便利的、接近真实的仿真工具。

在 NS3 网络仿真软件中，数据报文在网络中传输流向模型如图 3.5 所示。当节点有数据报文进行发送时，与实际节点传输数据的过程相似，数据报文在源节点的传输流向是沿着应用层经由 MAC 层再向物理层的方向进行数据传输。当节点接收数据报文时，与发送数据报文沿协议栈的流动方向相反，报文沿着自物理层向应用层的方向进行流动。节点间的数据经由信道进行传输。

搭建 NS3 网络仿真场景和搭建实际网络很相似,NS3 网络仿真软件将实际网络中的软件与硬件抽象成对应的 C++类。其中,硬件设备有水下节点等;软件有相关协议等;设计完成节点、信道、应用程序、网络设备等相关模块,即可完成搭建网络仿真环境。

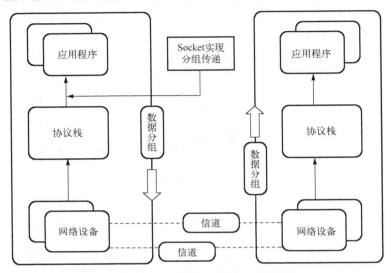

图 3.5　NS3 数据报文传输流向模型

使用 NS3 网络仿真平台模拟实际网络进行仿真实验时,一般需要四个步骤。

1)选择/开发相应模块

根据实际网络和场景选择相应的仿真模块(如信道模块、能耗模块等)。若在 NS3 网络仿真平台上模拟新的路由协议,则需要设计开发新的网络仿真模块。

2)编写仿真代码

在选择或者开发好相应的模块之后,就可以继续搭建 UASNs 仿真环境,编写仿真代码时,可以根据自身情况选择使用 C++语言或者 Python 语言。本书仿真代码使用的编程语言是 C++语言。

(1)生成节点:NS3 网络仿真平台中生成的节点相当于实际网络中空的计算机设备外壳或者相应的设备。在节点上绑定信道模型、能耗模型、MAC 协议和路由协议,下一步需要安装配置网络所需的设备和信道。

(2)安装网络设备和配置信道模型:安装网络设备以提供不同的 MAC 层、物理层和信道。对于水声信道而言,需要配置调制解调器、信道模块、衰减模块和噪声模块。

(3)安装协议栈:NS3 网络仿真平台的 UAN 模块中,通过相应函数实现 MAC 协议模块的安装,UAN 模块未提供路由协议,通过编写 C++代码实现自己设计的路由协议模块。

（4）其他配置：比如应用层相关模块、节点能耗模型、节点移动模型等。

3）启动仿真

完成 UASNs 仿真环境的部署，且完成仿真代码编写后，即可运行软件启动仿真。

4）仿真结果分析

用来进行分析的仿真数据能够通过 NS3 的追踪系统或者输出打印文件进行统计，进一步计算出相关性能评估指标，如数据包端到端的延迟、数据包交付率、网络总能耗等。

NS3 网络仿真平台相较其他仿真平台，有以下优势：①NS3 网络仿真平台是完全开源免费的，且可扩展性强，能够根据所需添加自定义模块；②使用 NS3 网络仿真平台较为容易，只要使用 C++语言即可完成相关仿真代码的编写；③NS3 网络仿真平台的相关模块的设计能够更加真实地模拟实际网络场景，并且目前该平台被越来越多的 UASNs 研究人员所选择进行仿真实验，具有一定的权威性；④NS3 仿真平台增加了 UAN 模块，更加便利地用于 UASNs 相关仿真实验。综上所述，本书选择 NS3 作为 UASNs 路由协议的网络仿真平台。

3.2　水声传感器网络现场试验主要硬件设备

3.2.1　调制解调器

本书的 MicroANP 协议栈测试采用 AquaSeNT OFDM 调制解调器（以下均称为AquaSeNT OFDM Modem）。AquaSeNT OFDM Modem 是一种声学调制解调器，为水下应用提供高数据速率的通信[10]。AquaSeNT OFDM Modem 工作模式分为两种：命令模式和数据模式。本系统使用的 AquaSeNT OFDM Modem 型号为 AMN-OFDM-13A，如图 3.6 所示。

图 3.6　AquaSeNT OFDM Modem

AquaSeNT OFDM Modem 通电后，如果在控制台能够输出显示调制解调器的ID、传输功率级别、接收增益级别、时间、模式（命令模式或数据模式）和引导映像版本等信息，则表明调制解调器已正常启动，且串口的设置是正确的。AquaSeNTOFDM Modem 相关参数如表 3.1 所示。

表 3.1　AquaSeNT OFDM Modem 参数

参数	范围或取值	参数	范围或取值
深度/m	200	外壳长度/cm	35.5
传感器	全方位	长度/cm	61
数据率/(Kbit/s)	1.5/3.0/4.5/6.0/9.0	空气中重量/kg	9.5
频率/kHz	21~27	水中重量/kg	1
调制方式	OFDM	工作电压/V	12~16
接收通道	4	空闲功率/W	<0.12
连接方式	RS232	接收功率/W	<0.8
内部数据记录大小/GB	16	发送功率/W	<25
外壳直径/cm	16.5	传输范围/km	≤5

3.2.2　AquaSeNT OFDM Modem 使用及连接

使用 AquaSeNT OFDM Modem 时，用户需要一个终端应用程序来通过 RS232 接口与调制解调器通信。AquaSeNT OFDM Modem 通过一根电缆供电，并与 Raspberry Pi(树莓派)连接，电缆如图 3.7 所示，其中有两个分支，图中分别标为①和②。

图 3.7 中①标注的接口为 RS232 的串口，通过串口 RS485(图 3.8)转 USB 的转接线(图 3.9)与 Raspberry Pi 相连接；②标注的接口为一个供电接口，使用 DC 电源转接头(图 3.10)与图 3.11 所示的蓄电池为 AquaSeNT OFDM Modem 供电，工作电压为 12V。

图 3.7　Modem 电缆

图 3.8　RS485 串口转接头

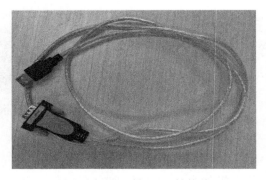

图 3.9　串口转 USB 转接线

图 3.10　DC 电源转接头　　　　　　　图 3.11　蓄电池

3.2.3　Raspberry Pi 与 AquaSeNT OFDM Modem 通信

　　Raspberry Pi 与 AquaSeNT OFDM Modem 通信代码如下，听到数据包后的处理流程如图 3.12 所示。

```
//读取 AquaSeNT OFDM Modem 串口
usb = get_usb_filename(3);
serial_modem_.setMessageCallback(boost::bind(&Node::onSerialMo
demMessage,this, &serial_modem_,_1, _2, _3));
    if(!usb.empty())
    {
        int fs=1;
        fs=serial_modem_.serialOpen("/dev/"+usb, 9600);
        cout<<" start!"<<endl;
        if(fs)
        {
            serial_modem_.startRead();
        }
        else
        {
            cout<<"error!"<<endl;
        }
    }
    void Node::onSerialModemMessage(Serial *serial, const int fd,
muduo::net::Buffer* buf, muduo::Timestamp receiveTime)
    {
        const char *crlf = NULL;
        while(crlf = buf->findCRLF())
        {
```

```
            string msg = buf->retrieveAsString(crlf-buf->peek());
            buf->retrieve(2);
            modem_threadPool_.run(boost::bind(&Node::processSerial-
ModemRequest,this,serial,serial->getFd(),msg, receiveTime));
        }
    }
    void Node::processSerialModemRequest(Serial *serial, int fd, string
msg, muduo::Timestamp receiveTime)
    {
        if(boost::algorithm::starts_with(msg, "\r\n"))
            msg = msg.substr(2);
        if(msg.size() > 6 && filterSerialModemMsg(msg))
        {
            vector<string> msgs;
            boost::algorithm::split(msgs, msg,
boost::is_any_of(","));
            if(msgs[0] == "$MMRXD")
            {
                host_get_data_frame_from_modem(msgs[3]);
            }else if(msgs[0] == "$MMOKY")
            {
                if(msgs[1] == "HHCRR")
                {
                    if(msgs[2] == "MID")   //$MMOKY,HHCRR,MID,1
                    {
                        node_data_.mid = strToInt(msgs[3]);
                        node_data_.init_ok = true;
                        update_level_timer_ = loop_->runEvery(update_
level_timer_interval,boost::bind(&Node::update_level_time, this));
                        if(node_data_.mid < DEFAULT_MAX_SINK_ID)
    //sink 节点
                        {
                            node_data_.level = 0;
                            setTXPWR(DEFAULT_TXPWR);
                            loop_->runAfter(sink_down_broadcast_interval_,
boost::bind(&Node::sink_down_broadcast_control_send, this));
                        }else if(node_data_.mid == DEFAULT_MAX_SINK_ID)
        {

                            setTXPWR(DEFAULT_TXPWR);
```

```
                        }else
                        {
                            if(node_data_.mid==5 )
                            {
                                setTXPWR(DEFAULT_TXPWR);
                            }else
                            {
                                setTXPWR(DEFAULT_TXPWR);
                            }
                        }
                    }
                }
            }
        }
}
//获取 modem MID
void Node::setMid(uint8_t value)
{
    string cmd = "$HHCRW,MID,"+intToStr(value)+"\r\n";
    serial_modem_.send(cmd);
}
void Node::getMid()
{
    string cmd = "$HHCRR,MID\r\n";
    serial_modem_.send(cmd);
}
void Node::setRXFMT()
{
    string cmd = "$HHCRW,RXFMT,1\r\n";
    serial_modem_.send(cmd);
}
void Node::setTXDONE()
{
    string cmd = "$HHCRW,TXDONE,1\r\n";
    serial_modem_.send(cmd);
}
void Node::setTXPWR(int8_t value)
{
    string cmd = "$HHCRW,TXPWR,"+intToStr(value)+"\r\n";
```

```
        serial_modem_.send(cmd);
}
//向 modem 发送数据
void Node::host_send_data_to_modem(uint8_t *buf, int len)
{
if(!node_data_.init_ok)
  return;
#if DEBUG_PRINT_FRAME
    FrameHead *frameHead = (FrameHead *)buf;
    print_frame(*frameHead);
#endif
    string data = transfer_uint8_to_hexstring(buf, len);
    string cmd = "$HHTXD,0,1,0,"+data+"\r\n";
    serial_modem_.send(cmd);
}
```

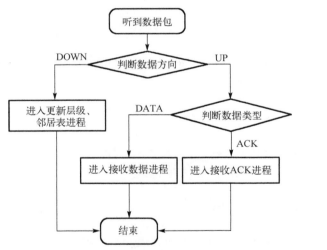

图 3.12   听到数据包后的处理流程图

3.2.4   温度、盐度与深度传感器

    CTD 传感器是一种用于探测海水温度、盐度与深度信息的探测仪器,因此也称为温盐深测量仪。CTD 里的 C 指 Conductance(电导率);T 指 Temperature(温度);D 指 Depth(深度)。本系统中所使用的 CTD 型号为 SZC15-2,它是 863 标准化定型研究项目,用于测量海水的电导率、温度和盐度,其供电及连接方式与 AquaSeNT OFDM Modem 相同。图 3.13 为 SZC15-2 温盐深测量仪。

图 3.13   SZC15-2 CTD

该 CTD 采用了 MSP430 芯片，具有处理能力强、运行速度快、功耗低等特点。表 3.2 给出了该 CTD 的主要参数。

表 3.2   CTD 主要参数

测量参数	测量范围	精确度
温度/℃	−2～+35	±0.01
电导率/(mS/cm)	0～65	±0.01
压力/MPa	0～10	±0.1%F·S
采样频率/Hz	1,4	
计算参数	水深、盐度、海水密度和声速	
工作环境温度/℃	−5～+40	
工作电压/V	+12±10%	
信号传输接口	RS-232	
仪器外壳材料	不锈钢	
储存容量	16MB Flash	
仪器外形/mm	ϕ76/600	
仪器重量(空气中)/kg	5	

3.2.5　CTD 信息读取

Raspberry Pi 获取 CTD 数据的通信代码如下：

```
//读取 CTD 接口
usb = get_usb_filename(5);
serial_ctd_.setMessageCallback(boost::bind(&Node::onSerialCTDM
essage, this, &serial_ctd_,_1, _2, _3));
if(!usb.empty())
{
    serial_ctd_.serialOpen("/dev/"+usb, 9600);
```

```
            serial_ctd_.startRead();
        }
    void Node::onSerialCTDMessage(Serial *serial, const int fd,
                                  muduo::net::Buffer* buf,
                                  muduo::Timestamp receiveTime)
    {
        if(buf->readableBytes() >= 2 && *buf->peek() == 'o' && *(buf->
peek()+1) == 'k')
            buf->retrieveAsString(2);
        const char *crlf = NULL;
        while(crlf = buf->findCRLF())
        {
            string msg = buf->retrieveAsString(crlf-buf->peek());
            buf->retrieve(2);
            threadPool_.run(boost::bind(&Node::processSerialCTDRequest,
this, serial, serial->getFd(), msg, receiveTime));
        }
    }
    void Node::processSerialCTDRequest(Serial *serial, int fd,
                                       string msg,
                                       muduo::Timestamp receiveTime)
    {
        cout<<"--------------------processSerialCTDRequest="<<msg<<endl;
        vector<string> msgs;
        boost::algorithm::split(msgs, msg, boost::is_any_of(","));

        if(msgs.size() == 4)
        {
            node_data_.pos.depth = strToInt(msgs[0]);
            temp_ = strToFloat(msgs[1]);
            salt_ = strToFloat(msgs[3]);

            cout<<" depth_="<<node_data_.pos.depth<<" temp_="<<temp_<<"
salt_="<<salt_<<endl<<endl<<endl;
            node_up_data_to_sink();
        }
    }
    //获取 CTD 数据
    void Node::getCTDData()
```

```
    {
        cout<<"------------getCTDData-------------"<<endl;
        if(!serial_ctd_.opened())
        {
            string usb = get_usb_filename(5);
            serial_ctd_.setMessageCallback(boost::bind(&Node::onSerial-
CTDMessage, this, &serial_ctd_,_1, _2, _3));
            if(!usb.empty())
            {
                serial_ctd_.serialOpen("/dev/"+usb, 9600);
                serial_ctd_.startRead();
            }
        }else
        {
            serial_ctd_.send("pts\r\n", 5);
        }
        loop_->cancel(ctd_interval_timer_);
        default_ctd_interval=sampleUniformInt(249,301);
        cout<<"444444444  default_ctd_interval= "<<intToStr(default_
ctd_interval)<<endl;
        ctd_interval_timer_=loop_->runEvery(default_ctd_interval,
boost::bind(&Node::getCTDData, this));
    }
```

3.2.6　水下摄像头

从水下摄像头获取图片数据的指令如下：

```
ffmpeg -i [Stream] -f image2 -ss 0 -vframes 1 -s 720*720 test1.jpg -y
```

其中，Stream 为摄像头的视频流名称，如 rtsp://192.168.1.12:554/user =admin_
password=tlJwpbo6_channel=1_stream=0.sdp?real_stream；-s 720*720 为图片像素；
test1.jpg 为图片名称，格式为.jpg；-y 是指覆盖原有图片。

3.2.7　Raspberry Pi 微型电脑主板

Raspberry Pi 是由英国慈善组织"Raspberry Pi 基金会"开发的微型卡片式电
脑，中文名称为"树莓派"，以 Linux 为系统，以MicroSD 卡为硬盘。Raspberry Pi
微型电脑主板作为主控电脑，所用的型号为三代 B 型，图 3.14 和图 3.15 分别为带
外壳和不带外壳的 Raspberry Pi。

图 3.14 中，用数字标注了所用的 USB 接口。其中接口②用于连接 GPS；接口③用于连接 AquaSeNT OFDM Modem；接口⑤用于连接 CTD。

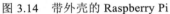

图 3.14　带外壳的 Raspberry Pi　　　　图 3.15　不带外壳的 Raspberry Pi

表 3.3 中给出的是三代 B 型，也即本书中的水声通信系统所用的 Raspberry Pi 的主要参数。

表 3.3　Raspberry Pi 主要参数

参数	取值
系统版本	2017-07-05-raspbian-jessie
CPU 频率/GHz	1.2
内核架构	ARM
内存/GB	1
存储/GB	16
供电接口	Micro USB
USB 接口数量/个	4
视频输出接口（HDMI）/个	1
无线局域网协议标准	802.11n
以太网口速率/(Mbit/s)	10/100
微型 SD 端口/个	1
工作电压/V	5

3.2.8　GPS 模块

GPS 模块的主要作用是供锚节点获取位置信息，GPS 的型号是 L80-M39，其适配于 Raspberry Pi 4B/3B+/3B 等型号，如图 3.16 所示。

GPS 模块通过 USB 连接线直连 Raspberry Pi 的接口②，使用时须将其放在室外，其参数如表 3.4 所示。

图 3.16　GPS 模块

表 3.4　GPS 模块参数

参数	范围或取值	参数	范围或取值
搜索渠道/个	66	速度准确性/(m/s)	<1.0
跟踪渠道/个	22	获取灵敏度/dBm	−148
工作电压/V	4.5～5	跟踪灵敏度/dBm	−165
重量/g	4.35	更新率/Hz	1
芯片	L80-M39	波特率/(bit/s)	1800～115200
位置准确性/m	<2.5	协议	NMEA0183

解析及读取 GPS 模块代码如下：

```
string usb = get_usb_filename(2);
serial_gps_.setMessageCallback(boost::bind(&Node::onSerialGPSM
essage, this, &serial_gps_,_1, _2, _3));
if(!usb.empty())
{
  serial_gps_.serialOpen("/dev/"+usb, 9600);
  serial_gps_.startRead();
}
void Node::onSerialGPSMessage(Serial *serial, const int fd,
muduo::net::Buffer* buf, muduo::Timestamp receiveTime)
{
    const char *crlf = NULL;
    while(crlf = buf->findCRLF())
    {
        string msg = buf->retrieveAsString(crlf-buf->peek());
        buf->retrieve(2);
        threadPool_.run(boost::bind(&Node::processSerialGPSRequest,
this, serial, serial->getFd(), msg, receiveTime));
    }
```

```
    }
    void Node::processSerialGPSRequest(Serial *serial, int fd, string
msg, muduo::Timestamp receiveTime)
    {
        if(msg.size() > 7)
        {
            vector<string> msgs;
            boost::algorithm::split(msgs, msg, boost::is_any_of(","));
            if(msgs.size() == 15 && msgs[0] == "$GPGGA")
            {
                if(strToInt(msgs[6]) == 0)   //没有定到位
                {
                    node_data_.pos.gps.lat = 0.0;
                    node_data_.pos.gps.lon = 0.0;
                    if(node_data_.mid < DEFAULT_MAX_SINK_ID)
                    {
                        node_data_.sink_id = node_data_.mid;
                        node_data_.sink_gps.lat = node_data_.pos.gps.lat;
                        node_data_.sink_gps.lon = node_data_.pos.gps.lon;
                    }
                }else
                {
                    string strLat = msgs[2];
                    string strLon = msgs[4];
                    string height = msgs[9];

                    node_data_.pos.gps.lat = strToFloat(strLat.substr(0, 2)) +
                            strToFloat(strLat.substr(2, 2)) / 60 +
strToFloat(strLat.substr(4)) / 100;
                    node_data_.pos.gps.lon = strToFloat(strLon.substr
(0, 3)) + strToFloat(strLon.substr(3, 2)) / 60 + strToFloat (strLon.substr(5))
/ 100;
                    if(node_data_.mid < DEFAULT_MAX_SINK_ID)
                    {
                        node_data_.sink_id = node_data_.mid;
                        node_data_.sink_gps.lat = node_data_.pos.gps.lat;
                        node_data_.sink_gps.lon = node_data_.pos.
gps.lon;
                    }
```

```
            }
        }
    }
    node_data_.sink_id = node_data_.mid;
}
```

3.2.9　4G 无线工业级路由器

工业级无线路由器如图 3.17 所示。该路由器支持全网通 4G/3G 网络,含两个 LAN 接口和 WiFi 通信,具有串口透传等功能,支持 VPN 远程访问控制局域网终端,相关参数如表 3.5 所示。

图 3.17　4G 无线工业级路由器

表 3.5　4G 无线工业级路由器参数

参数	取值
外形尺寸/mm	83×66×26
无线局域网协议标准	802.11b/g/n
工作频段/GHz	2.4
WiFi 传输速率/(Mbit/s)	150
接收灵敏度/dBm	−66
工作电压/V	12~35

3.2.10　设备连接

水声传感器网络现场试验主要硬件设备的连接示意图如图 3.18 所示。

设备模块连接如下:

(1)Modem 电缆一分为二,一路接电源(用电源转接头,红色一端接蓄电池正极,黑色一端接蓄电池负极),一路通过串口转接头接 Raspberry Pi ③号 USB 口;

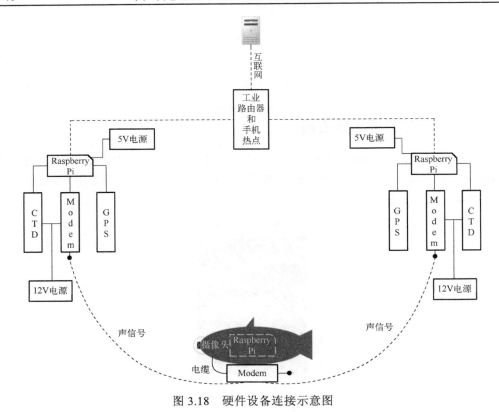

图 3.18　硬件设备连接示意图

(2) CTD 电缆一分为二，一路接电源(红色一端接蓄电池正极，黑色一端接蓄电池负极)，一路通过串口转接头接 Raspberry Pi ⑤号 USB 口;

(3) GPS 模块接 Raspberry Pi ②号 USB 口;

(4) 根据以上步骤连接好后，将 Modem 和 CTD 放入水中(须用绳子将 Modem 和 CTD 绑定，以防丢失);

(5) 将工业路由器组装完毕(或开启手机热点，开启前需将手机的热点名称修改为 Wifi-Module-036160，密码：12345678)，并通电启动，给 Raspberry Pi 和 Modem 通电启动;

(6) 在装有 Ubuntu14.04 系统的电脑上打开终端，输入命令，运行程序，命令如下：

```
$ scp underwater pi@192.168.10.2:/home/pi
                            //在电脑端将执行程序拷贝至 Raspberry Pi
$ ssh pi@192.168.10.2        //登录 Raspberry Pi
$. /underwater               //在 Raspberry Pi 下执行此命令即可运行程序
```

执行完程序，在终端查看通信状态、数据发送及接收状态。

参 考 文 献

[1]　Zhu C, Dong Y H. Network simulation technology and its application based on OPNET[J]. Radio Engineering, 2013, 43 (3): 12-15.

[2]　贾利娟. 浅析 QualNet 网络仿真[J]. 陕西广播电视大学学报, 2010, 12 (1): 37-39.

[3]　Xie P, Zhou Z, Peng Z, et al. Aqua-Sim: an NS-2 based simulator for underwater sensor networks[C]//OCEANS 2009, Biloxi, 2009, 1 (7):26-29.

[4]　George Z. A novel matlab-based underwater acoustic channel simulator[J]. Journal of Communication and Computer, 2013, 10: 1131-1138.

[5]　Varga A. Using the OMNeT++ Discrete Event Simulation System in Education[M]. New York: IEEE Press, 1999.

[6]　朱晓姝. OMNeT++仿真工具的研究与应用[J]. 大连工业大学学报, 2010, 29 (1): 62-65.

[7]　马春光, 姚建盛. NS-3 网络模拟器基础与应用[M]. 北京: 人民邮电出版社, 2014.

[8]　George F R, Thomas R H. The NS-3 Network Simulator[M]//Modeling and Tools for Network Simulation. New York: Springer, 2010.

[9]　Weingartner E, Lehn H V, Wehrle K. A performance comparison of recent network simulators[C]//IEEE International Conference on Communications, 2009.

[10]　Ma L, Zhou S, Qiao G, et al. Superposition coding for downlink underwater acoustic OFDM[J]. IEEE Journal of Oceanic Engineering, 2016, 42 (1): 175-187.

第 4 章　开发环境设置

4.1　Raspberry Pi 系统的安装与配置

4.1.1　Raspberry Pi 系统安装

首先准备 Raspberry Pi 主板、16GB SD 卡、SD 卡读卡器、SD 卡格式化软件 SDFormatter、Raspberry Pi 系统镜像文件[1]，以及系统镜像写入软件 Win32 DiskImager 0.9.5。完整的安装过程如下：

进入 Raspberry Pi 官网：https://www.raspberrypi.org/downloads/，如图 4.1 所示，然后单击"RASPBIAN"，在打开的页面中选择"RASPBIAN JESSIE WITH DESKTOP"下面的"Download ZIP"进行下载，如图 4.2 所示。

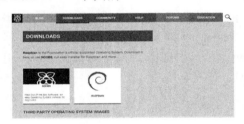

　　图 4.1　Raspberry Pi 官网页面　　　　图 4.2　Raspberry Pi 系统镜像文件下载页面

下载 SD 卡格式化工具软件 SDFormatter 并安装，然后，格式化 SD 卡；下载镜像写入工具软件 Win32 DiskImager 0.9.5 并安装。将 SD 卡插入读卡器并将读卡器插至电脑，待电脑识别已插入的 SD 卡后，打开 Win32 DiskImager，界面如图 4.3 所示。

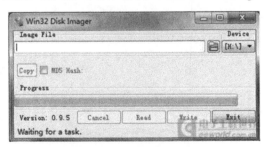

图 4.3　Win32 DiskImager 初始界面

选择 SD 卡的盘符，并选择下载的镜像文件，如图 4.4 所示，单击"write"，开始将系统镜像写入 SD 卡，写入过程及完成后的界面分别如图 4.5 和图 4.6 所示。

图 4.4　选中已下载的镜像文件

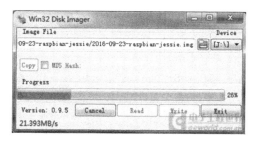

图 4.5　镜像写入过程界面

图 4.6　镜像写入成功界面

至此，系统镜像文件已经成功写入 SD 卡，将 SD 卡从读卡器取下后，插入 Raspberry Pi 的 SD 卡卡槽，通电启动即可运行 Raspberry Pi 系统。

4.1.2　Raspberry Pi 配置

Raspberry Pi 系统安装完成后，可连接显示器、鼠标、键盘、无线网络进行相关的配置，以供在后续开发水声通信系统和运行系统时使用[2]。Raspberry Pi 的配置主要包括开启 SSH 服务、设置用户登录身份、配置静态 IP 地址。

Raspberry Pi 系统安装完成后，首先要开启 SSH 服务，其主要作用有两点：方便在后续的开发及系统运行时拷贝和查看文件[3]；系统开发完成后，需要远程登录至每个 Raspberry Pi 运行程序。

打开 Raspberry Pi Configuration，在页面 Interfaces 中，设置 SSH 为 Enable，即可打开 SSH 服务，如图 4.7 所示。此外，需要设置用户的登录身份为 pi，如图 4.8 所示。

Raspberry Pi 系统安装完成后，需要配置静态 IP 地址，主要目的是：青海湖试验时，需要登录至 Raspberry Pi 运行程序，如果用 4G 工业级路由器，无法方便获取 Raspberry Pi 的 IP 地址，因此，系统安装完成后，需要更改配置文件设置静态 IP 地

图 4.7　开启 SSH

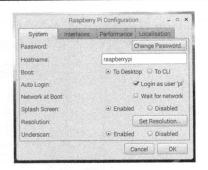

图 4.8　设置用户登录身份

址；如果用手机热点，则可根据手机中已连接设备的信息查看 Raspberry Pi 的 IP 地址。两种连接方式均需要设置 Raspberry Pi WiFi 为自动连接模式，且 WiFi 名称统一设置为 Wifi-Module-036160。操作步骤如下：

(1)进入目录/etc/network/，打开目录下的文件 Interfaces；

(2)根据工业路由器的网关地址、网络地址等在 Interfaces 文件中设置 WiFi 名称、WiFi 密码、IP 地址、子网掩码、网关地址、网络地址。配置文件如图 4.9 所示。

图 4.9　静态 IP 配置文件

配置完成之后，即可执行程序并启动。通过远程拷贝，将项目的可执行文件 underwater 拷贝至 Raspberry Pi 的/home/pi 路径下，然后执行程序即可，命令如下：

```
$ sudo scp test pi@210.27.150.250:/home/pi  //从本地拷贝可执行程序
```
至 Raspberry Pi 的/home/pi
```
$ ssh pi@210.27.150.250 (该 IP 为 Raspberry Pi 的 IP)  //登录 Raspberry Pi
$ ls  //查看目录下是否有拷贝过来的可执行文件 underwater
$. /underwater     //执行程序
```

4.2　Ubuntu 系统以及 Qt 的安装与配置

4.2.1　Ubuntu 安装与配置

MicroANP 协议栈是基于 Ubuntu 系统进行开发的，所用的系统版本为 Ubuntu 14.04（32 位）。Ubuntu 安装步骤如下[4]：

(1) 准备 Ubuntu 14.04 的镜像文件和大小为 8GB 的 U 盘。

(2) 下载软碟通（UltraISO）光盘或文件写入工具并安装。

(3) 打开软碟通，选中已下载好的 Ubuntu14.04，并在"启动"菜单中选择"写入硬盘映像"，选择需要写入的 U 盘，单击"写入"，即可开始写入镜像，如图 4.10 所示。

图 4.10　Ubuntu 镜像写入

(4) 镜像写入成功后，将镜像写入成功的 U 盘插入需要装 Ubuntu 的笔记本电脑，然后开机，进入 BIOS，选择"从 U 盘启动"，即可进入安装 Ubuntu 的过程，如图 4.11 和图 4.12 所示。

图 4.11　Ubuntu 安装界面 1

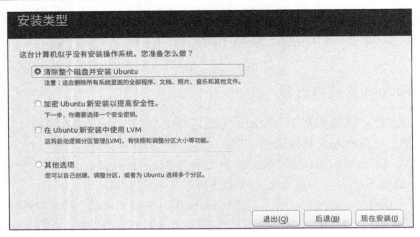

图 4.12　Ubuntu 安装界面 2

(5) 时区选择"shanghai"，点击继续。键盘布局选择"汉语"。进入用户设置，自行设置用户名和密码。进入安装界面，等待安装更新。安装完成后，重新启动计算机即可。

4.2.2　Ubuntu 下的编译环境配置

在开发之前首先需要配置 Ubuntu 的编译环境，如 boost 库的交叉编译、安装 curl 等。Boost 库是为 C++语言标准库提供扩展的一些 C++程序库的总称[5]。Boost 库由 Boost 社区组织开发、维护。其目的是为 C++程序员提供免费、同行审查的、可移植的程序库。Boost 库可以与 C++标准库完美兼容，并且为其提供扩展功能。Boost 库使用 Boost License 来授权使用。大部分 Boost 库功能的使用只需包括相应头文件即可，少数(如正则表达式库、文件系统库等)需要链接库。很多 Boost 库功能堪称对语言功能的扩展，其构造用尽精巧的手法[6]。比如 Graph 库具有工业强度、结构良好、非常值得研读的精品代码，并且也可以放心地在产品代码中多多利用。Boost 可以和 tools 结合使用。配置编译步骤如下：

(1) 在 home 下面新建名为 rpi 的文件夹，将 boost_1_64_0.tar.gz 和 tools_master.tar.gz 文件拷贝至此，并提取文件，将提取到的文件名改为 boost_1_64 和 tools；

(2) 打开终端执行如下命令：

```
$ cd /home
$ cd rpi
$ cd boost_1_64
```

运行 boost 解压目录下的 bootstrap.sh，运行命令为：./bootstrap.sh，运行结果如图 4.13 所示；

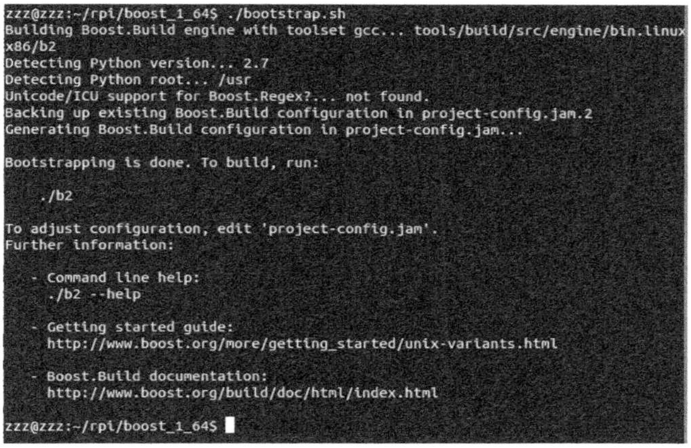

图 4.13　bootstrap.sh 执行结果

　　(3)修改目录 home/rpi/boost_1_64/下的文件 project-config.jam，修改过程如下：
　　将 using gcc 改为 using gcc：arm：arm-linux-gnueabihf-gcc(注意 gcc 后面有空格)；然后修改 options 下面的选项，修改前和修改后的内容如下：

```
修改前：
option.set prefix:/usr/local ;
option.set exec-prefix: /usr/local ;
option.set libdir:/usr/local ;/lib ;
option.set includedir:/usr/local ;/include ;
修改后：
option.set prefix:/home/wlw/rpi/tools/arm-bcm2708/gcc-linaro-
arm-linux-gnueabihf-raspbian ;
   option.set exec-prefix:/home/wlw/rpi/tools/arm-bcm2708/gcc-
linaro-arm-linux-gnueabihf-raspbian/bin ;
   option.set libdir:/home/wlw/rpi/tools/arm-bcm2708/gcc-linaro-
arm-linux-gnueabihf-raspbian/lib ;
   option.set includedir:/home/wlw/rpi/tools/arm-bcm2708/gcc-
linaro-arm-linux-gnueabihf-raspbian/include ;(注意最后面有空格，文件目录可
以从 tools/arm-bam2708/gcc-linaro-arm-linux-gnueabihf- raspbian 去复制)
```

　　修改后的 project-config.jam 内容如图 4.14 所示。
　　(4)/.bashrc 文件中加入 gcc 交叉工具链目录，具体过程如下：
　　使用终端打开隐藏文件 bashrc，命令为：$ sudo gedit ～/.bashrc，在该文件末尾添加交叉工具链所在目录。请注意～符号表示 HOME 路径，.bashrc 为隐藏文件。

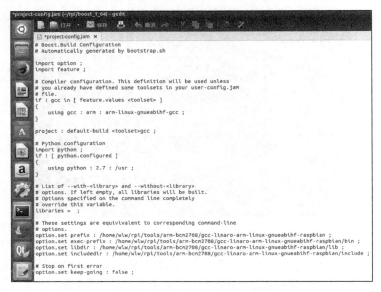

图 4.14　project-config.jam 修改后

对于 32 位系统，应加入

　　　export PATH=$PATH:$HOME/rpi/tools/arm-bcm2708/gcc-linaro-arm-
linux -gnueabihf-raspbian/bin

对于 64 位系统，应加入

　　　export PATH=$PATH:$HOME/rpi/tools/arm-bcm2708/gcc-linaro-arm-
linux-gnueabihf-raspbian-x64/bin

　　请注意 PATH 代表环境变量，冒号代表追加。保存并关闭文件，如图 4.15 所示，接着执行以下指令以便立即更新当前控制台所包含的环境变量：

　　$ source. bashrc 执行后无任何提示，则表明配置正确，接着往下执行命令；
　　$. /bjam stage --layout=tagged --build-type=complete

　　执行完之后，验证编译效果。如果出现错误，根据提示的信息，一般为 a./b.出现错误，订正修改，保存，再执行命令./bjam stage --layout=tagged --build- type=complete 即可。

　　需要注意的是，如果提示"找不到 Python"，则需要下载安装 Python，在终端中输入以下命令，安装 Python 即可：

　　　sudo apt-get install python-dev

Python 安装完成后，按照编译步骤，重新编译即可。

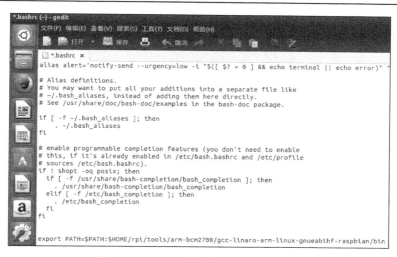

图 4.15　bashrc 中加入 gcc 交叉工具链

（5）验证编译环境是否正确，命令如下：

```
~/rpi/boost_1_64$ cd stage
~/rpi/boost_1_64/ stage$ ls
~/rpi/boost_1_64/ stage$ cd lib
~/rpi/boost_1_64/ stage/lib$ file libboost_atomic_mt.a
~/rpi/boost_1_64/ stage/lib$ file libboost_atomic_mt.so
~/rpi/boost_1_64/ stage/lib$ file libboost_atomic_mt.so.1.64.0
```

此时会出现系统版本信息，如图 4.16 所示。如果为"ELF 32-bit LSB shared object，ARM，EABI5……"即为正确，如果是 intel 版本即为错误，需要重新编译。一般严格按上述步骤执行，编译就不会出错。

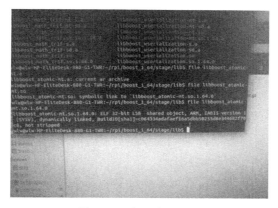

图 4.16　验证编译环境

（6）测试交叉工具链是否安装成功。在终端中输入命令：arm-linux-gnueabihf- gcc -v。控制台中输出内容如图 4.17 所示，可证明交叉工具链安装完成且环境变量设置无误。

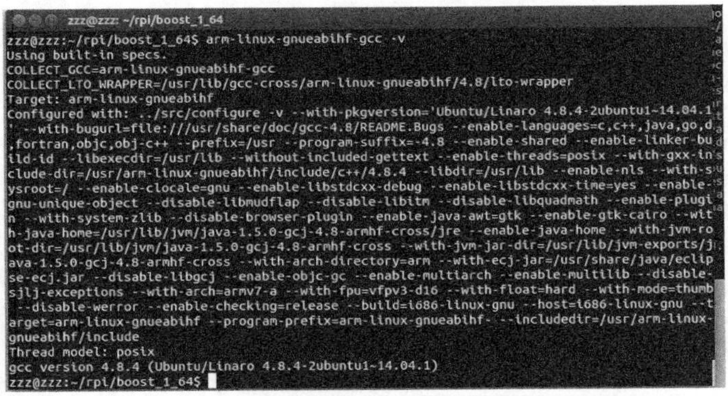

图 4.17　验证交叉工具链

配置 curl：curl 是一个利用 URL 语法在命令行下工作的文件传输工具，于 1997 年首次发行。它支持文件上传和下载，是一个综合传输工具；curl 还包含了用于程序开发的 libcurl。它被广泛应用在 Unix 以及各种 Linux 发行版中，并且有 DOS 和 Win32、Win64 下的移植版本。

将已下载好的 curl.7.54.1.tar.gz 存放在 rpi 路径下，提取文件，在终端执行以下命令：

```
~/rpi$ cd curl-7.54.1
~/rpi$ cd curl-7.54.1/ls
~/rpi$ cd curl-7.54.1/. /configure --prefix/home/wlw/rpi/curl
--host=arm-linux CC=arm- linux-gnueabihf-gcc CXX=arm-linux-gnueabihf-g++
```
（注意--前面有空格）
```
~/rpi$ cd curl-7.54.1/$ make
~/rpi$ cd curl-7.54.1/$ make install
```

4.2.3　Qt 配置

Qt 是一个由 Qt Company 于 1991 年开发的跨平台 C++图形用户界面应用程序开发框架。它既可以开发 GUI 程序，也可用于开发非 GUI 程序（比如控制台工具和服务器）。Qt 是面向对象的框架，使用特殊的代码生成扩展（称为元对象编译器（meta object compiler，MOC））以及一些宏[7]。

MicroANP 协议栈的开发使用的平台即为 Qt，版本为 qt-opensource-linux-x86-5.4.2。该版本可以在 Qt 官网下载。

打开终端，用命令修改下载的 qt-opensource-linux-x86-5.4.2 的文件权限，命令为$chmod 777 qt-opensource-linux-x86-5.4.2。命令运行完后，直接运行安装即可。安装完成后，仍需要对 Qt 进行简单的环境配置。具体步骤如下：

（1）打开 Qt，在工具菜单找到并打开"选项"界面，依次点击"构建和运行""编译器"，在"Manual"下面添加编译器的名称和路径(/home/wlw/rpi/tools/arm-bcm 2708/gcc-linaro-arm-linux-gnueabihf-raspbian/bin/arm-linux-gnueabihf-g++)，如图 4.18 所示。由于主板为树莓派，所以，需要选择 raspbian 的交叉编译器。

图 4.18　Qt 配置之添加编译器

（2）点击"Qt versions"，根据 home/wlw/Qt5.4.2/5.4/gcc/bin 此路径，将 bin 文件下面的 qmake 拷贝到任意一个文件夹下面；根据 file:///home/wlw/Qt5.4.2/5.4/gcc/mkspecs/ linux-arm-gnueabi-g++路径，修改该路径下的 qmake 文件，在"i"后面加上"hf"，如图 4.19 所示。

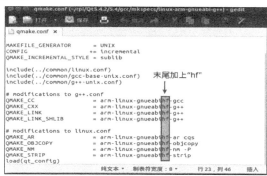

图 4.19　修改 qmake.config

在手动设置里面添加版本(qmake)，添加的内容为上一步骤当中拷贝出来的 qmake，如图 4.20 所示。

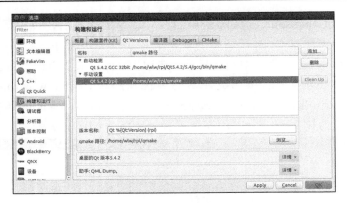

图 4.20　添加 qmake 路径

（3）切换到"构建套件"选项卡，选中"手动设置"，点击"添加"，然后输入名称，编译器为刚刚添加的编译器，Qt 版本为 Qt5.4.2，路径为 /home/wlw/Qt5.4.2/5.4/gcc/mkspecs/linux- arm-gnueabi-g++；设置如图 4.21 所示。至此，Qt 的环境配置完成。

图 4.21　构建套件 Kit

配置完成后，可以新建一个空白项目，进一步地通过构建该项目以验证环境配置是否正确。

4.3　手机 SSH 客户端的安装与连接

试验时，由于笔记本电脑数量有限且携带不方便，所以，可以使用手机 SSH 客户端登录服务器或者 Raspberry Pi 以执行后续操作。这里推荐使用 JuiceSSH，下载链接：https://juicessh.com/changelog#v2.1.4。下载安装成功，打开 JuiceSSH 的界面如图 4.22 所示。

图 4.22　JuiceSSH 界面

图 4.23　快速连接界面

　　打开 JuiceSSH 后，点击"快速连接"，界面如图 4.23 所示，在此按照提示的格式依次输入登录主机的用户名、IP 地址和端口号，如pi@192.168.43.70:22，单击确定即可登录。登录时需要输入密码，如图 4.24 所示。输入密码后，登录成功，进入主机的终端页面，如图 4.25 所示，即可执行相关命令。

图 4.24　输入密码界面

图 4.25　登录成功界面

参 考 文 献

[1]　Richardson M, Wallace S. Getting Started with Raspberry Pi: Electronic Projects with Python, Scratch, and Linux[M]. New York: Maker Media, 2014.

[2]　Raj, Kumar, Maurya. How to setup a media server using Raspberry Pi[J]. PC Quest, 2013,（6）: 93.

[3]　Suehle R, Callaway T. Raspberry Pi Hacks: Tips & Tools for Making Things with the Inexpensive Linux Computer[M]. New York: O'Reilly Media, 2013.

[4]　Sainz-Raso J, Martin S, Diaz G, et al. Security vulnerabilities in raspberry pi-analysis of the system weaknesses[J]. IEEE Consumer Electronics Magazine, 2019, 8（6）: 47-52.

[5]　Sah R. Install Ubuntu on windows[J]. PC Quest, 2010,（8）: 68-69.

[6]　Garcia R, Lumsdaine A. MultiArray: a C++ library for generic programming with arrays[J]. Software Practice and Experience, 2010, 35（2）:159-188.

[7]　霍亚飞. Qt Creator 快速入门[M]. 北京: 北京航空航天大学出版社, 2012.

第5章　基于RLT与FDR的水声传感器网络可靠传输机制

5.1　传统的可靠传输机制在 UASNs 中的应用局限

传统的可靠传输机制在 UASNs 中的应用局限主要体现在以下四个方面。

(1)水声信道的高误码率导致逐跳传输时较大的包错误率,使得端到端的包成功传输的概率接近零。然而, 传统的、端到端的可靠传输机制在 UASNs 中将会导致过多的重传。这不仅带来过多的能耗, 还加剧低带宽的 UASNs 负载和包冲突, 降低信道利用率[1]。

(2)水声信号的低传播速度导致较大的端到端延迟,这给传统的端到端可靠传输机制的实时控制带来较大的问题[2]。

(3)UASNs 长延时、低比特率特点导致传统的自动重传(automatic repeat request, ARQ)机制的信道利用率极低;水声 Modem 采用半双工通信,限制了高效的传统流水线 ARQ 机制的使用。此外, 水声信道的高误码率容易导致 ARQ 机制中应答(ACK)报文的丢失。这不仅浪费了传输 ACK 的带宽资源, 而且那些成功接收的数据包也会被发送节点重传, 带来更大的能耗, 从而降低网络寿命[1-3]。

(4)传统的前向纠错(forward error correction, FEC)技术是一种采用固定码率的纠删码,在传输之前需要预先确定冗余包的数量[4,5]。FEC 将 n 个原始数据包编码后产生 N 个编码包。其中, $N \geqslant n$ 并且 $M = N - n$ 表示冗余包数量。为了重构 n 个原始数据包,接收节点需要接收一定数量(大于 n)的编码包。N/n 是一个常数,定义为扩展因子, 其大小取决于信道的删除概率。由于水声信道的时变性, 很难预先确定信道的删除概率。显然, 过高的估计将增加能耗及带宽开销, 过低的估计将导致解码失败[1,2]。

Reed 和 Solomon[6]提出了基于纠删码的 Reed-Solomon 编码,对于较小的 n 和 m 效果理想。然而, 其编译码过程要求域运算, 计算开销较大, 不适用于计算资源受限的水下节点。Tornado 编码[7]仅涉及异或运算,编译码过程比 Reed-Solomon 码快得多。但 Tornado 码采用多级二部图编解码, 带来较大的计算和通信开销, 同样不适用于低比特率、高能耗的UASNs。SDRT[8]采用 SVT 编码提高编译码效率。但发送节点以非常缓慢的速率发送窗口外的数据包,降低了信道利用率。莫海宁等[9]提出了基于 GF (256)随机线性编码的多跳协调协议来保证 UASNs 可靠性。实际上, 该协议并不能通过随机产生的 K 个编码向量成功恢复 K 个原始包,且其译码复杂度比其他稀疏编码大。此外，多跳协调机制需要时间的精确同步，且仅局限于只有一对节点通信的简单线性网络拓扑。

数字喷泉码 (fountain codes，FCs) 是基于二部图的高性能稀疏无码率编码。由于没有固定的码率，传输的冗余量也就不固定，且能够随着错误恢复算法的执行而动态确定。因此，FCs 对于任何删除信道的性能都是接近最优的，是一种轻量级的编解码实现[5,10]。FCs 的分类主要包括随机线性喷泉码、Luby 传输码 (Luby transform，LT)[11]、Raptor 码[12]。随机线性喷泉码是最简单的喷泉码，但由于编解码的代价太高，用在删除信道并不理想。LT 码和 Raptor 码是目前应用最为广泛的无码率喷泉码。值得指出的是，LT 编码能够从接收的多于原始包数量的编码包中高概率恢复、重构原始数据包。然而，LT 码是针对具有大量的数据包的逐块传输设计的，不适用于由节点移动造成节点之间传输时间十分有限的 UASNs。此外，LT 码的度分布中存在较多的大度数。这意味着度数大的编码包数量较多，增加了编译码开销和通信开销。

有鉴于此，本章提出了一种适用于 UASNs 的逐跳可靠传输控制方法。基于 FCs 技术，采用优化设计的度分布和递归编码思想，提出递归 LT (recursive LT，RLT) 编解码方案。基于 RLT 码，并融合传统 ARQ 中的确认机制实现 UASNs 的逐块、逐跳地可靠传输。本书的可靠传输控制方法适用于水下复杂动态的网络环境。基于 RLT 码的可靠传输控制在实现 UASNs 传输可靠性的同时，减小了包冲突和端到端的延时，提高了网络吞吐量和信道利用率。随着进一步的研究，发现 RLT 码也存在一定的局限性。RLT 解码的前提条件是正确收到度 1 的编码包。如果度 1 编码包在传输过程中发生丢失或误码，那么解码极有可能会失败。针对这一缺陷，本书提出了一种过滤式降维 (filtering dimension reduction，FDR) 译码算法。此外，对编码包的度分布进行优化设计，提出了与 FDR 算法相结合的优化度分布函数——FDR 度分布。FDR 译码算法不仅解除了对来自发送端编码器产生的度 1 编码包的依赖，还可以快速降低高度数编码包的度数，从而进一步提高译码效率。

5.2　RLT 编解码方案

5.2.1　RLT 度分布

编码方案对系统性能产生很大的影响。LT 编码针对包含大量数据包的数据块传输而设计，不适用于传输时间受限的节点间的通信；并且，LT 码的度分布中存在较多的大度节点，增加了编译码开销和通信开销。LT 码度分布有三种：理想孤波分布 (ideal soliton distribution，ISD)、鲁棒式孤波分布 (robust soliton distribution，RSD) 和二进制指数分布 (binary exponential distribution，BED)。理想孤波分布在用于恢复原始数据块所需的编码包数量方面显示出理想的性能。但正如大多数情况，孤波分布极其脆弱，很难在复杂的 UASNs 环境中应用。Luby 对理想孤波分布进行修正，提出了更加实用的鲁棒孤波分布。但是鲁棒孤波分布的缺陷是存在较大冗余，编码包的平均度值较大，导致译码复杂度也较高。二进制指数分布不能保证每个信源符号参与异或运算，降低了其参与编码的概率，可能造成其余原始包已成功解出，而未参与编码的原始包由于缺少和编码包的关联性导致译码失败。

由于节点的移动性，UASNs 中相邻传感器节点之间的传输时间极其有限，导致数据编码中的每一个数据分块只能包含少量数据包。在这一限制下，为了成功译码，接收节点收到的编码包的度分布应该满足以下特性：

(1) 接收到的编码包应该涉及每一个原始数据包；

(2) 编、译码过程不能涉及太多的异或运算；

(3) 接收到的编码包至少有一个度为 1。

设水声信道的高误码率为 p_b，UASNs 的包错误率 p_p 如下

$$p_p = 1 - (1 - p_b)^l \tag{5.1}$$

其中，l 代表包的大小。考虑到水声信道的误码率较高，通常在 $10^{-7} \sim 10^{-3}$；并且，基于 MicroANP 协议架构的最优包的大小通常为 100 多个字节。

因此，UASNs 中的包错误率 p_p 的大小是不容忽视的。给定 k 个原始数据包，为了满足以上度分布特性，采用式 (5.2) 所示的度分布

$$\Omega(d) = \begin{cases} \dfrac{m}{\xi + k}, & d = 1 \\[3mm] \dfrac{k}{d(d-1)(\xi + k)}, & d = 2,3 \\[3mm] \dfrac{\xi + (1/3)k - (m+1)}{\xi + k}, & d = 4 \\[3mm] \dfrac{1}{\xi + k}, & d = k, \quad k > 4 \end{cases} \tag{5.2}$$

其中，m 表示期望接收到的度为 1 的数据包个数，$\xi > 0$ 表示接收到的冗余包数。适当数量的冗余包可增加译码成功的概率。

引理 5.1　RLT 编码包的度分布：$\lambda \approx 3.7$

证明　由式 (5.2) 给出的度分布公式可知

$$\lambda = E(d) = \sum_{d=1}^{k} (d \times \Omega(d))$$

$$= \frac{1 \times m}{\xi + k} + \frac{2 \times k}{2 \times 1 \times (\xi + k)} + \frac{3 \times k}{3 \times 2 \times (\xi + k)} + \frac{4 \times (\xi + 1/3k - (m+1))}{\xi + k} + \frac{k}{\xi + k}$$

$$= 3\frac{2}{3} + \frac{\dfrac{\xi}{3} - 3m - 4}{\xi + k} \tag{5.3}$$

通常，$|(\xi/3) - 3m - 4| << |\xi + k|$，因此 $\lambda \approx 3\frac{2}{3} \approx 3.7$，RLT 码的译码复杂度约为 $3.7k$，与数据块中原始数据包的数量呈线性关系。RLT 码的解码复杂度比较如表 5.1 所示。

表 5.1　解码复杂度比较

编码	编/解码复杂度
GF (256)[9]	$O(k^3)$
LT[11]	$k\ln_e^k$
SDRT[8]	$k \cdot \ln(1/\varepsilon)$
RS[6]	$k(N-k)\log_2^N$，N 为发送包数
RLT	$3.7k$

5.2.2　RLT 编解码过程

1. RLT 编码

针对 RLT 编码，假设包的丢失是独立的，用二级无向图 $G = (V, E)$ 表示 RLT 编码。其中，E 为边的集合，V 表示节点集合，$V = D \cup C$。D 为输入包集合，C 表示编码包集合。边 E 连接节点 D 和节点 C。

考虑一个由 k 个输入（原始）包组成的集合 D，每个输入包长度为 l 个比特。RLT 编码器能够由 k 个输入包产生无限多个编码包序列。每个编码包独立计算。不失一般性，这里给定 k 个输入包 $\{x_1, x_2, \cdots, x_k\}$ 和度分布 $\Omega(d)$，d 为编码包的度，即用来生成该编码包的输入包的数量，$d \in \{1, 2, \cdots, k\}$，则编码包序列 $\{y_1, y_2, \cdots, y_j, \cdots, y_n\}$（$n \geqslant k$，令 $n = (k + \xi)/(1 - p_p)$）产生过程如下：

（1）编码器对集合 D 中的 k 个输入包先后分别执行异或操作，产生一个度为 k 的编码包，复制得到 $\lfloor 1/(1 - p_p) \rfloor$ 个同样的编码包。

（2）从集合 D 中，随机选取 $\lfloor m/(1 - p_p) \rfloor$ 个不同的包，构成集合 S_1'，集合 S_1' 包含 $\lfloor m/(1 - p_p) \rfloor$ 个度为 1 的编码包。这里，m 表示期望接收到的度为 1 的数据包个数，通常设置 $1 \leqslant m \leqslant \max\left(\left\lfloor \dfrac{k}{4} \right\rfloor, 1\right)$。

（3）令 $S_2 = D - S_1'$，从集合 S_2 中，均匀随机地选取 $\lfloor k/(2(1 - p_p)) \rfloor$ 个输入包构成集合 S_2'，分别与从 S_1' 中随机选取的一个包进行异或操作，从而产生 $\lfloor k/(2(1 - p_p)) \rfloor$ 个度为 2 的编码包。

(4) 令 $S_3 = S_2 - S_2'$，若 $|S_3| < \lfloor k/(6(1-p_p)) \rfloor$，则从 S_3 中选取 $|S_3|$ 个输入包，从集合 D 中随机选取 $\lfloor k/(6(1-p_p)) \rfloor - |S_3|$ 个输入包。否则从 S_3 中随机选取 $\lfloor k/(6(1-p_p)) \rfloor$ 个输入包构成集合 S_3'，分别与从 S_2' 随机选取的一个包和从 S_1' 随机选取的一个包进行异或操作，从而产生 $\lfloor k/(6(1-p_p)) \rfloor$ 个度为 3 的编码包。

(5) 令 $S_4 = S_3 - S_3'$，若 $|S_4| < \lfloor (\xi+k/3-m-1)/(1-p_p) \rfloor$，则从 S_4 中选取 $|S_4|$ 个输入包，从集合 D 中随机选取 $\lfloor (\xi+k/3-m-1)/(1-p_p) \rfloor - |S_4|$ 个输入包。否则从 S_4 中随机选取 $\lfloor (\xi+k/3-m-1)/(1-p_p) \rfloor$ 个输入包构成集合 S_4'，分别与从 S_1', S_2', S_3' 各自随机选取的三个包进行异或操作，从而产生 $\lfloor (\xi+k/3-m-1)/(1-p_p) \rfloor$ 个度为 4 的编码包。

在以上步骤中，编码器对 d 个输入包按位进行模 2 求和，得到编码包 y_j，这可以通过对 d 个输入包执行异或操作来实现。编码包 y_j 中填充索引字段用以指明参与异或操作的输入包的 IDs。输入包与编码包之间的关系可用图 5.1 描述。图中，8 个编码包由 6 个输入包按位异或生成。y_1 的度为 3。

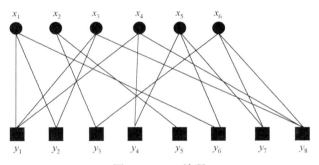

图 5.1　RLT 编码

编码流程图如图 5.2 所示，$\mathrm{num1} = \lfloor m/(1-p_p) \rfloor$，$\mathrm{num2} = \lfloor k/2(1-p_p) \rfloor$，$\mathrm{num3} = \lfloor k/6(1-p_p) \rfloor$，$\mathrm{num4} = \lfloor (\xi+k/3-m-1)/(1-p_p) \rfloor$，$\mathrm{num}k = \lfloor 1/(1-p_p) \rfloor$。

2. RLT 解码

当编码包通过删除信道传输时，要么被接收节点正确接收，要么丢包。RLT 解码器试图从接收的编码包中恢复原始的输入包，RLT 解码过程如下：

(1) 找到度为 1 的编码包 y_j（y_j 仅连接一个输入包 x_i），若找不到，则停止解码；

(2) 令 $x_i = y_j$；

(3) 在图 5.1 中，对每一个连接到 x_i 的编码包 y_m，令 $y_m = y_m \oplus x_i$。这里的 " $\oplus$ " 指异或操作；

(4) 删除连接到 x_i 的所有边；

(5) 继续执行步骤 (1)。

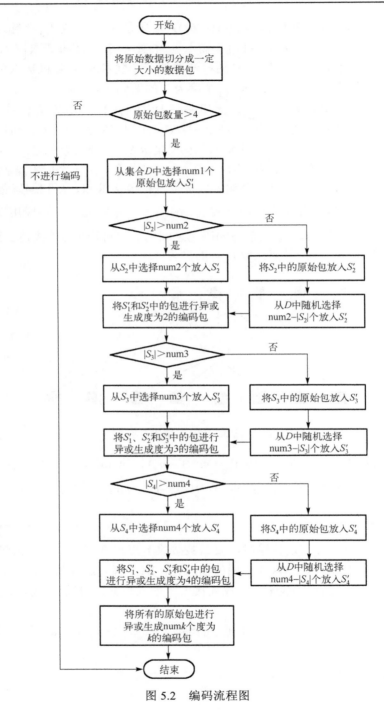

图 5.2　编码流程图

在逐跳传输过程中，发送节点可通过以下步骤收集接收节点的反馈信息，精确评估水声信道的包错误概率，进一步计算下次传输的编码包数，降低冗余包的传输开销。具体如下：

(1)发送节点发送 N 个编码包，$N=(k+\xi)/(1-p_p)$，之后转换到接收状态，等待接收反馈信息。参数 ξ 将增大接收节点成功译码的概率，因子 $1/(1-p_p)$ 用于抵消信道误码带来的包丢失或传输错误；

(2)接收节点的反馈信息包括接收到的帧的数量 N_r 以及不能重构的原始包数 k_1，则包错误率为 $p_p=((N-N_r)/N)$，下次传输的编码包数为 $N_1=((k_1+\zeta)/(1-P_p))$；

(3)在 RLT 度分布中，用 k_1 代替 k 进行递归编码，如此反复，直到译码成功。

解码流程图如图 5.3 所示。

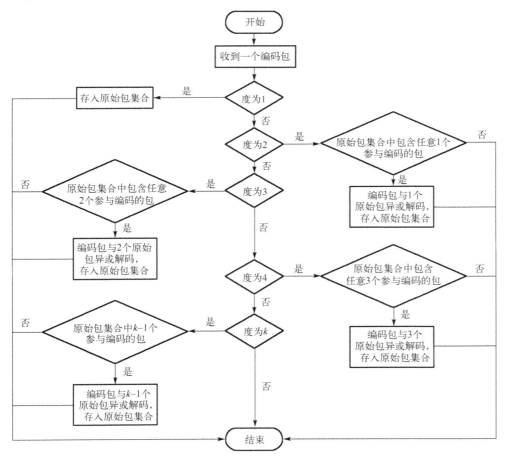

图 5.3　解码流程图

5.2.3　RLT 编码统计分析

设节点接收到 n 个编码包时能够成功解码 k 个原始包的概率为 $\psi_k(n)$。当 $n < k$ 时，$\psi_k(n) = 0$。对于完全随机的数字喷泉码，$\psi_k(n)$ 是一个大小为 $k \times n$（$n \geqslant k$）的随机二进制数矩阵。该矩阵的满秩概率为

$$\psi_k(n) = \prod_{i=0}^{k-1}(1 - 2^{(i-n)}) \tag{5.4}$$

已知信道的纠删概率 p_p（$0 \leqslant p_p \leqslant 1$），$N$ 为发送节点传输的编码包的数量，令 $B(N; n, 1 - p_p)$ 表示 n 个包成功接收的概率，即

$$B(N; n, p) = \binom{n}{N} p^n (1 - p)^{N-n} \tag{5.5}$$

其中，$N, n \in \mathbf{Z}$ 且 $n \leqslant N$，$0 \leqslant B(N; n, 1 - p_p) \leqslant 1$。

当采用完全随机编码且发送节点传输 N 个编码包时，接收节点的解码概率 $\varphi_{N,k}(p_p)$ 可表示为

$$\varphi_{N,k}(p_p) = \sum_{n=k}^{N} B(N; n, 1 - p_p)\left(\prod_{i=0}^{k}(1 - 2^{(i-n)})\right) \tag{5.6}$$

根据 RLT 编码方案，接收节点收到的编码包的二进制矩阵如图 5.4 所示。

图 5.4　接收节点收到的编码包的二进制矩阵

在上述的二进制矩阵中，收到的度为 k 的编码包数量的期望值为 1，度为 1 的期望值为 m，度为 2 的期望值为 $k/2$，且都采用递归编码。在 RLT 编码中，集合 S_3 和 S_4 可能与集合 D 中的元素交叠，导致接收节点的解码概率小于 1。当接收节点收集到 $k + \xi$ 个编码包后，成功解码的概率 $\psi_k(n)$ 为

$$\psi_k(n) = \psi_k(k + \xi) > \prod_{i=0}^{(\xi-m-1+k/2)}(1 - 2^{(i-k-\xi)}) \tag{5.7}$$

假设当发送了 $(\xi+k)/(1-p_p)$ 个编码包时,接收节点能够恢复 k 个原始包的概率为 $\varphi_{k,\xi}(p_p)$,即

$$\varphi_{k,\xi}(p_p) = \sum_{\xi=0}^{\xi} B\left(\frac{\xi+k}{1-p_p};k+\xi,1-p_p\right)\psi_k(k+\xi) > \prod_{i=0}^{(\xi-m-1+k/2)}(1-2^{(i-k-\xi)}) \quad (5.8)$$

5.3　FDR 译码

本节从 RLT 译码算法及度分布函数两方面入手,针对 RLT 译码算法中存在的缺陷,提出一种过滤式降维(FDR)译码算法,消除 RLT 译码以及传统译码算法在收到一定数量编码包才开始解码的等待时间,实现边接收边尝试解码的快速译码方式。此外,通过编码包之间的异或运算,有效增加了度 1 编码包的产生概率,不再仅依赖于从发送端获取度 1 编码包。在降低传输延时的同时,通过增加度 1 编码包出现的概率而提高译码成功率。最后使用 NS3 仿真平台在解码成功概率方面与 RLT 码进行仿真对比,结果显示 FDR 译码算法的译码成功率高于 RLT 码。

5.3.1　RLT 码存在的问题

对 RLT 码的分析可知,由于其编码方式是递归编码,所以解码效率高并且译码成功概率也大大增加。但 RLT 的解码算法终究要依赖度 1 的编码包,如果度 1 编码包在信道传播过程中发生丢失或误码,那么解码极有可能会失败。如果在解码时从编码包之间异或的角度出发,只要生成矩阵中两个编码包对应的列存在"严格短环",那么二者即可异或运算。本节首先对短环问题进行数学分析,在此基础上定义、分析"严格短环"问题,进一步对严格短环加以利用,提出 FDR 译码算法,弥补 RLT 的译码缺陷,提高译码成功率。

5.3.2　短环问题

在说明短环问题之前首先引入停止集问题,短环问题是停止集问题中的情况之一。

1.　停止集问题

定义 5.1　当出现译码提前终止时,剩余编码包中仍旧有有用的编码包(即所有度不小于 1 的编码包),这些编码包构成的集合即为停止集。

用两种现象解释停止集问题:①某些原始包与任何编码包之间不存在连线,如图 5.5(a)所示。原始符号 S_1、S_2 通过异或运算可以求得,但是 S_3 并未参与任何编码包的编码,所以无论如何 S_3 是无法获得的;②译码过程中剩余的未解出的编码包度值均大于 1,也就是不存在度 1 的编码包,导致译码过程终止。如图 5.5(b)所示,剩余的编码包 Y_1、Y_2、Y_3 的度均大于 1,此时无法继续解码。

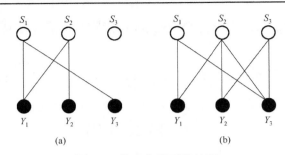

图 5.5　停止集的两种情况

第一种情况是由于编码过程中随机选取原始包进行异或导致的，因为随机选取的方法使得某些原始包存在一定的不被选中的概率，所以直接导致这些原始包未能参与任何编码包的编码，这种情况也称为不理想覆盖(imperfect coverage，IC)问题；第二种情况则是接下来要分析的短环问题。

2. 短环问题

定义 5.2　在生成矩阵中，如果有这样两列，它们在相同位置上的两行(或两行以上)均为"1"，这些由"1"构成的行形成一个闭合的环，称为"短环"。

如果满足短环定义的行有两行，那么这两行构成的短环为 4 元环，如果这样的行有三行，那么这三行构成的短环为 6 元环，以此类推：假设满足短环定义的行有 $k'(2 \leqslant k' < k)$ 个，它们构成的短环为 $(2k')$ 元环。以图 5.6 所示的译码过程中出现终止现象为例解释"短环"。

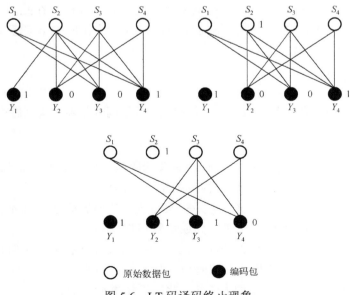

图 5.6　LT 码译码终止现象

在图 5.6 中，$Y_1 = S_2$，$Y_2 = S_2 \oplus S_3 \oplus S_4$，$Y_3 = S_1 \oplus S_2 \oplus S_3$，$Y_4 = S_1 \oplus S_2 \oplus S_3 \oplus S_4$。根据 LT 码译码过程，首先找到度 1 编码包 Y_1，此时可直接译出 S_2 并将 Y_1 和 S_2 之间的连线去掉；下一步，将所有与 S_2 相连的编码包 $\{Y_2, Y_3, Y_4\}$ 分别与 S_2 作异或运算，同时更新 Y_2、Y_3、Y_4 的值为异或运算结果，并且将它们之间的连线删除。此时，剩余的编码包 Y_2、Y_3、Y_4 的度值 d 分别为 $d(Y_2) = 2$，$d(Y_3) = 2$，$d(Y_4) = 3$。根据 LT 码译码规则，需要找出度 1 编码包，但是三个编码包的度值均满足大于等于 2，所以译码被迫终止。此时，Y_2、Y_3、Y_4 对应的生成矩阵如图 5.7 所示。

该生成矩阵中包含 2 个环长为 4 的短环：Y_3、Y_4 对应的两列在第一行和第三行都是 "1"，所以第一行和第三行构成 4 元短环，如图 5.7 中虚线所示；同样地，Y_2、Y_4 所对应的两列在第三行和第四行都是 "1"，所以这两行构成了第二个 4 元短环，如图 5.7 中虚线所示。以 4 元环为例，假设 LT 码的编码参数为 (n, k, Ω)，k 为原始包个数，n 为编码包个数，Ω 是编码包的度分布函数，在 $n \times k$ 阶的生成矩阵 G 中度 i 符号的生成概率为 Ω_i，度 j 符号的生成概率为 Ω_j。

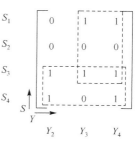

图 5.7　4 元短环示例

那么，矩阵 G 中度值分别为 i、j $(i > 1, j > 1)$ 的某两列构成 4 元短环的概率如下

$$P_{r \cdot 4}(i, j) = \Omega_i \Omega_j \binom{k-2}{j-2} \Big/ \binom{k}{k-j} \tag{5.9}$$

5.3.3　严格短环

现给出严格短环定义。

定义 5.3　在生成矩阵中，如果有这样两列，它们在相同位置上的两行(或两行以上)均为 "1"，并且其中一列除了这两行(或多行)其余位置的行上全是 "0"，这些由 "1" 构成的行形成一个闭合的环，称为 "严格短环"。假设满足严格短环定义的行有 k' $(2 \leqslant k' < k)$ 个，它们构成的短环为 $(2k')$ 元环。

那么，在 $n \times k$ 阶的生成矩阵 G 中，度值为 j $(j > 2)$ 的列和某一度值为 2 的列构成严格 4 元短环的概率为

$$P_{\text{strict}(r \cdot 4)}(2, j) = \Omega_2 \Omega_j \binom{k-2}{j-2} \Big/ \binom{k}{k-j} \tag{5.10}$$

那么，在 $n \times k$ 阶的生成矩阵 G 中，度值为 j 的列和某一度值为 m $(m < j)$ 的列构成严格 $2m$ 元短环的概率为

$$P_{\text{strict}(r \cdot 2m)}(m, j) = \Omega_m \Omega_j \binom{k-m}{j-m} \Big/ \binom{k}{k-j} \tag{5.11}$$

5.3.4　FDR 译码算法

FDR 算法利用可在生成矩阵中构成严格短环的编码包之间的异或操作，产生度为 1 的包或者将度数较高的编码包进行"降维"处理使其度数降低。不会像传统译码算法(如置信传播算法)以及 RLT 译码算法那样，FDR 译码算法不仅解除了对来自发送端编码器产生的度 1 编码包的依赖，还可以快速降低高度数编码包的度数从而进一步降低译码复杂度。下面将从译码思想、译码器设计以及译码流程三个方面对 FDR 译码算法进行阐述。

1. 译码思想

在短环问题的分析中，出现图 5.6 LT 码译码终止现象时，三个编码包 Y_2、Y_3、Y_4 构成的生成矩阵中包含了 2 个 4 元严格短环。接下来，从参与编码的原始包集合的角度进行分析。编码包 Y_2 对应的参与编码的原始包的集合为 $\{S_3,S_4\}$，Y_3 对应的参与编码的原始包的集合为 $\{S_1,S_3\}$，Y_4 对应的参与编码的原始包的集合为 $\{S_1,S_3,S_4\}$。这三个集合存在明显的包含关系：$\{S_3,S_4\} \subsetneq \{S_1,S_3,S_4\}$，$\{S_1,S_3\} \subsetneq \{S_1,S_3,S_4\}$。如果将 Y_2 和 Y_4 进行异或运算可得到 $S_1=Y_2 \oplus Y_4$，将 Y_3 和 Y_4 进行异或运算可得到 $S_4=Y_3 \oplus Y_4$，将 S_1 和 Y_3 进行异或可得到 $S_3=S_1 \oplus Y_3$。原本使用 BP 译码算法只能依赖度 1 的 Y_1 译出 S_2，S_2 的译码运算量 $C_{S_2}=1$，而 S_1、S_3、S_4 根本无法解出，可以认为，获得 S_1、S_3、S_4 的译码运算量 C_{S_1}、C_{S_3}、C_{S_4} 接近于无穷大：$C_{S_1},C_{S_3},C_{S_4} \to \infty$，继而得到所有原始包的译码运算量为 $C_{all}=C_{S_1}+C_{S_2}+C_{S_3}+C_{S_4} \to \infty$。但是通过编码包之间的异或，即可解出三个原始包 S_1、S_3、S_4。S_1、S_2、S_3、S_4 的译码运算量分别为 $C'_{S_1}=1$，$C'_{S_2}=1$，$C'_{S_3}=2$，$C'_{S_4}=1$，那么成功解码所有原始包的译码运算量为 $C'_{all}=C'_{S_1}+C'_{S_2}+C'_{S_3}+C'_{S_4}=5 \ll C_{all}$。

表面上看，严格短环是一种编码时的浪费，对传统的依赖度 1 编码包的解码方式并无价值，但是把译码方式做一定改变，对严格短环加以利用，严格短环的贡献将不可忽视，甚至可能成为解码剩余的未成功的原始包的关键步骤。

结论5.1　生成矩阵中构成短环的两列只要度数不同，并且度值较小的那一列除了构成短环的行存在 1，其他行不存在 1 时，它们所对应的编码包之间即可进行异或运算。二者异或产生的新的编码包(称为二次编码包)的度值必定小于二者之一，甚至比二者度值都小。如果二者度值相差 1，它们异或直接得到一个度为 1 的包；如果二者度数相差大于 1，经过异或之后，度数较大的那一列的度值可降低为二者度数之差。

LT 码译码过程要在接收到一定数量编码包后进行；RLT 码在此做出改进，数据编码结束后首先发送度 1 编码包，RLT 码的译码过程在接收到编码包之时即刻启动，但这两种译码方式终究都是依赖度 1 编码包启动译码。而采用 FDR 算法的译码器，在收到第一个编码包(无论度值是否为 1)后可以开始译码。仍以图 5.6 为例,如果采用 FDR 译码算法的接收端收到的第一个编码包是 Y_4,收到的第二个编码包是 Y_3 时,接收端对比参与二者编码的原始包集合,两个集合存在真包含关系,接收端便可启动译码过程,对两个编码包进行异或运算。

结论 5.2　接收端在收到第一个编码包时就可以启动译码过程,只要其对应的参与编码的原始包集合与后续收到的编码包对应的参与编码的原始包集合之间存在真包含关系,就不必等待度 1 的编码包,这在一定程度上缩短译码时间。

因此,基于以上两个结论,本节提出了 FDR 译码算法。接下来的内容主要介绍译码器的设计和译码流程。首先给定 FDR 译码算法中涉及的参数。

定义 5.4　k 个输入符号向量 $S:S=\{S_1,S_2,\cdots,S_k\}$,对 k 个输入符号进行编码产生的 n 个编码符号向量 $Y:Y=\{Y_1,Y_2,\cdots,Y_i\cdots,Y_n\}$,其中的编码包 Y_i 的度值表示为 $d(Y_i)$;FDR 算法将编码包分为两种类型,除了由 k 个原始包经发送端编码器产生的 n 个编码包 $Y_1,Y_2,\cdots,Y_n$ 之外,还包括编码包在接收端译码器内与其他编码包异或产生的二次编码包,为了区分,二次编码包用 Y_{sec} 表示,那么二次编码包的度值表示为 $d(Y_{\text{sec}})$;一个编码包(无论 $Y_1,Y_2,\cdots,Y_n$ 中的某一个 Y_i,还是某一个二次编码包 Y_{sec})对应参与其编码的原始包的 ID 集合为 T。

2. FDR 译码器设计

译码器根据编码包的度值范围采用分层设计思想。具体地,以 5.2.1 节提出的 RLT 度分布函数为例。编码包的度值 $d(d\in\mathbf{Z})$ 有 5 种,分别为 $d=1$,$d=2$,$d=3$,$d=4$,$d=k$。FDR 译码器设计为 5 层:l_1、l_2、l_3、l_4、l_k,如图 5.8 译码器概念图所示。FDR 译码器的每层分别存放的是相应度值的编码包,在这里,层内的编码包既包括来自接收端的编码包,还包括来自接收端的编码包进入译码后在各层之间流动时和层内已存在的(先进入译码器的)编码包异或产生的二次编码包。比如,l_2 存放了所有度为 2 的编码包,这些编码包当中可能有接收到的来自发送端的度 2 的编码包,还可能有一个度 3 的编码包与一个度 1 的编码包在 l_1 层异或产生的度 2 的二次编码包。此外这里还需说明,l_k 层存放度值范围为 $d\in(4,k]$ 的编码包,度为 k 的编码包可以和任何一个编码包进行异或,那么一个度 k(假设 $k>8$)的编码包和一个度 $t(t=1,2,3,4)$ 的编码包异或产生的二次编码包的度值为 $k-t$,且 $k-t>4$,因此将度值大于 4 小于 k 的二次编码包放入 l_k 层。以度值 $d=k=10$ 的编码包在 l_4 层发生异或运算为例,产生的二次编码包 Y_{sec} 的度值为 $d=k-4=6$,所以将二次编码包 Y_{sec} 放在 l_k 层。编码包在译码器内的存在形式是一对 key-value,key 表示该编码包对应的参与构成其编码的原始包的 ID 集合 T,value 表示该编码包。例如,编码包 $Y_i=S_1\oplus S_2\oplus S_3$,$S_1$、$S_2$、$S_3$ 对应的 ID 分别为 0、1、2,$T_{Y_i}=(0,1,2)$,那么 Y_i 在 l_3 层的存在形式为 $\{0,1,2\}-Y_i$。编码包进入译码器后,向下流动,依次经过译码器的各层,当到达某一层时，如果该编码包的 T 和当前层内某个编码包的 T 存在真包含关系，换句话说，度小的编码包里的所有原始数据包同样参与了度较大的编码包的异或运算(此为异或条件)，那么二者异或运算之后，度值较大的编码包被更新为二次编码包，其度值被降低。此过程相当于对度值大的编码包进行过滤、"降维"，降低高度数编码包的度值，在一定程度上加快了译码进度。度值较大或者度值很小的编码包在某层与其他编码包产生异或运算的概率更大。

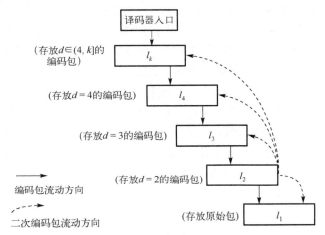

图 5.8　FDR 译码器概念图

理论上，编码器的 l_2、l_3、l_4、l_k 层，与它下面除 l_1 所有层内的每一个 T 集合不存在真包含关系。FDR 译码器从收到第一个编码包开始，一直处在解码状态，直至 l_1 层包含整个向量 S，视为译码成功。

3. 译码流程

FDR 算法规定发送端将数据编码完成后，先发送 $d = k$ 的编码包 Y_n，再依次发送 $d = 4$、$d = 3$、$d = 2$、$d = 1$ 的编码包。

(1)收到第一个编码包 Y_n，因为 $d(Y_i) = k$，将其放入 l_k 层；

(2)将后续收到的编码包 Y_i 从 l_k 层开始，与层内的编码包逐一比对，判断是否满足异或条件；

(3)若 Y_i 与某编码包 Y_j 满足异或条件且 $d(Y_i) < d(Y_j)$，则 $Y_{sec} = Y_i \oplus Y_j$，然后将度值较小的 Y_i 放入其对应层；度值较大的 Y_j 直接丢弃，不再保存；计算产生的二次编码包的度值 $d(Y_{sec})$，将其放入相应的层；如果该编码包直到 l_1 层始终未满足异或条件，根据度值将其放入对应层；

(4)重复步骤(2)～步骤(3)，直至所有编码包接收完毕，此时若 l_1 层的向量 S 包含所有原始包，即为译码成功。

(5)若仍有原始包未恢复，将 l_1 层的原始包逐层与 l_2、l_3、l_4 层的编码包进行异或，直至译码成功。

5.3.5　FDR 度分布

对于给定的编码参数 (n,k)，k 为原始包数量，n 为对 k 个原始包进行编码后得到的编码包数量。编码包的入度定义为参与其构成的原始包的个数。设每个编码包的平均入度值为 D_{per}，所有编码包的总入度值为 nD_{per}。在形成一个编码包时，某个原始包第一次被选到的概率为 $1/k$，第一次未被选到的概率为 $1-1/k$，那么某个原始包在整个编码过程中始终未被选取的概率 P_{miss} 为

$$P_{miss} = \left[\left(1 - \frac{1}{k}\right)\left(1 - \frac{1}{k-1}\right)\cdots\left(1 - \frac{1}{k-(D_{per}-1)}\right) \right] \tag{5.12}$$

不理想覆盖问题使得未被覆盖(即未参与任何编码包的编码)的原始包无法译出，是直接导致译码失败的主要原因之一，所以在度分布的设计中必须考虑这一点。

数字喷泉码的度分布函数影响编码复杂度，关系到编码效率。合理的度数分布应该在保证度 1 编码分组的数量适当的前提下增大大度值编码分组的选取概率，这样使由度分布产生的编码分组平均度数较小，同时兼顾不理想覆盖问题，保证对所有原始分组的良好覆盖。

给定 k 个原始数据包，FDR 度分布设计如下

$$\Omega(d) = \begin{cases} \dfrac{\ln k}{\sqrt{k}(d+1)}, & d=1 \\ \dfrac{\rho(d)+\tau(d)}{\sum\limits_{d}(\rho(d)+\tau(d))}, & d=2,3,4 \\ \dfrac{1}{k}, & d=k \end{cases} \tag{5.13}$$

其中

$$\rho(d) = \frac{1}{2^d}, \quad d=2,3,4 \tag{5.14}$$

$$\tau(d) = \frac{1}{d(d+1)}, \quad d=2,3,4 \tag{5.15}$$

$d=1$ 时，编码包的数量与 k 相关，原始包数量 k 越大，度 1 编码包数量越多，越有利于加快解码速度；$d=k$ 时，编码包数量为 1，保证所有原始包都参与到该包的编码中，避免了不理想覆盖问题。$d=2$、$d=3$、$d=4$ 的设计从理想孤波分布出

发，将度 2、度 3、度 4 的选取概率设置为小于 1 的数，从而将度分布的优化转化成为常数的设计问题。

由 FDR 度分布函数可知

$$\lambda = X(d) = \sum_{d=1}^{k} (d \times \Omega(d))$$

$$= 1 \times \frac{\ln k}{\sqrt{k}(1+1)} + 2 \times \frac{\rho(2) + \tau(2)}{\sum\limits_d (\rho(d) + \tau(d))} + 3 \times \frac{\rho(3) + \tau(3)}{\sum\limits_d (\rho(d) + \tau(d))}$$

$$+ 4 \times \frac{\rho(4) + \tau(4)}{\sum\limits_d (\rho(d) + \tau(d))} + k \times \frac{1}{k}$$

$$= \frac{\ln k}{2\sqrt{k}} + 3.27$$

通常，$\frac{\ln k}{2\sqrt{k}}$ 是一个不大于 0.3 的数，所以 $\lambda \approx 3.57$，FDR 译码复杂度为 3.57，与原始包数量 k 无关。RLT 码、FDR 码与采用传统度分布的喷泉码的解码复杂度比较如表 5.2 所示。

表 5.2　编/解码复杂度比较

度分布	编/解码复杂度
理想孤波分布	$k \ln_e^k$
FDR 度分布	3.57
RLT 度分布	3.7
鲁棒式孤波分布	$\sqrt{k} \ln_e^k$
二进制指数分布	2

5.3.6　度分布仿真对比

本节采用 MATLAB 对 ISD 理想孤波分布、RSD 鲁棒式孤波分布、BED 二进制指数分布和本书提出的 FDR 度分布进行仿真对比。图 5.9～图 5.11 为采用不同度分布时不同 k 值(分别为 10、20、40)下编码包的概率分布图。

可以看出，采用 FDR 度分布的编码包的平均度数较低，$d = 1$ 时，编码包的数量与 k 相关，原始包数量 k 越大，度 1 编码包数量随之增多；度值为 1、2、3、4 的编码包的概率较其他度分布稍大；度值大于 4 小于 k 的编码包数量为 0，在原始包数量较多的情况下，这样的度分布既可以控制解码不至于太复杂，又可以保证较高的解码成功概率，且无论 k 值如何，$d = k$ 的编码包一直存在，保证了所有原始包都参与编码。

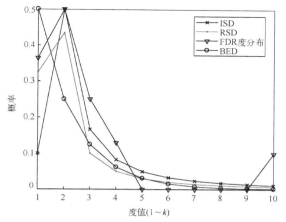

图 5.9　*k*=10 时，编码包概率分布

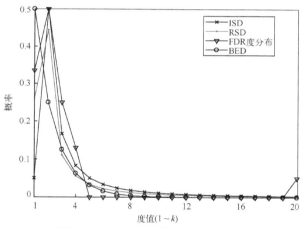

图 5.10　*k*=20 时，编码包概率分布

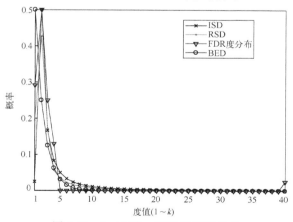

图 5.11　*k*=40 时，编码包概率分布

5.3.7　NS3 下的仿真实验

1. 仿真场景

仿真实验中布置了 7 个水下节点，如图 5.12 所示。其中 6 个节点构成一个在二维平面的正六边形且分别位于 6 个顶点，是数据源节点。剩余 1 个节点是网络中的 sink 节点，位于正六边形的中心。数据的流动方向是源节点到 sink 节点，且它们都是单跳通信，传输半径为 r。为了排除数据包碰撞给数据恢复带来的影响，实验中设置这 6 个源节点不能同时向 sink 节点发送数据，这一点可通过控制发包时间来实现。

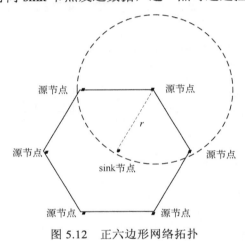

图 5.12　正六边形网络拓扑

2. 仿真参数

仿真实验的参数设置对实验结果影响较大，调整系统参数以较准确地模拟水下通信环境。在 MicroANP 协议架构中，节点在应用层产生的源数据被分为多个大小为 60 个数据包的数据块，每个数据包分为帧头、负载和帧尾三部分。数据帧格式如表 2.1 所示。其中，负载部分大小为 200 字节，尾部为 FCS 校验位。实验参数设置如表 5.3 所示。

表 5.3　系统参数

参数	取值
节点个数	7
仿真时间/s	6000
数据块大小/B	2975～8955
包负载/B	200
带宽/(Kbit/s)	10

续表

参数	取值
路由协议	LB-AGR
MAC 协议	RCHF
发送功率/W	2
接收功率/W	0.75
传输范围/m	1500

3. 仿真结果

此处定义单跳的成功解码概率如式(5.16)所示。实验中可测得的数据是源节点向 sink 节点发送数据的总次数 $N_{\text{Total-trans}}$ 以及经历二次编码后成功的次数 N_{retrans}，二者之差即为单次成功传输的次数 $N_{\text{one-time-succ}}$，$N_{\text{one-time-succ}}$ 和 $N_{\text{Total-trans}}$ 的比值即为一次发送数据中接收端成功解码的概率，如式(5.16)所示。FDR 译码算法和 RLT 译码算法在单次传输成功解码概率方面的仿真结果如图 5.13 所示，横轴表示单次发送的编码包数量，纵轴表示单次传输成功解码概率。

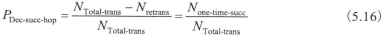

$$P_{\text{Dec-succ-hop}} = \frac{N_{\text{Total-trans}} - N_{\text{retrans}}}{N_{\text{Total-trans}}} = \frac{N_{\text{one-time-succ}}}{N_{\text{Total-trans}}} \tag{5.16}$$

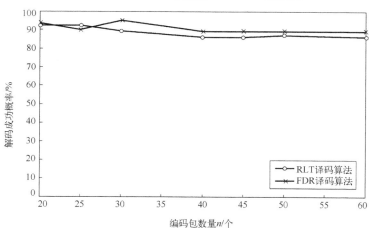

图 5.13　RLT 译码和 FDR 译码成功概率对比

可以看出，使用 FDR 译码算法的解码成功概率普遍高于 RLT 译码算法。当编码包数量较少时，比如 $n=20$，两个译码算法的解码成功概率相差无几，RLT 达到 92%，FDR 可达 93%。当 $n=25$ 时，FDR 出现突变情况，解码成功概率为 90%，略低于 RLT 的 92%。当 $n=30$ 时，FDR 算法性能明显优于 RLT 性能，二者分别为 95% 和 89%。当编码包数量超过 40 个时，RLT 译码算法的成功概率基本保持在 86%，而 FDR 译码算法的成功概率保持在 89% 左右。综合来看，FRD 译码算法的性能较 RLT 更优。

　　实验还统计了采用 FDR 算法在不同 k 值下的 4×4 组 $N_{\text{Total-trans}}$ 与 N_{retrans} 实验数据，如图 5.14～图 5.17 所示。以图 5.14 为例，该图显示了原始包数为 25、编码包数为 32 时测得的 4 组实验数据。

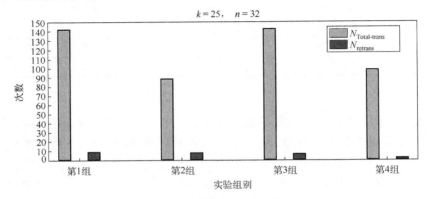

图 5.14　k =25 时，$N_{\text{Total-trans}}$ 与 N_{retrans}

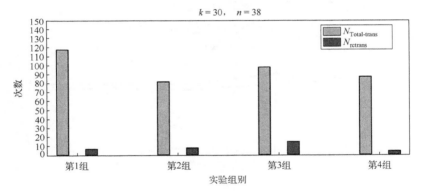

图 5.15　k=30 时，$N_{\text{Total-trans}}$ 与 N_{retrans}

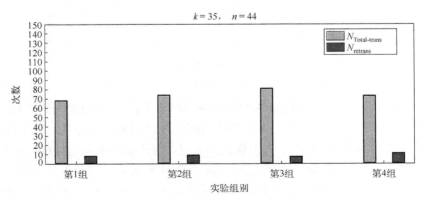

图 5.16　k=35 时，$N_{\text{Total-trans}}$ 与 N_{retrans}

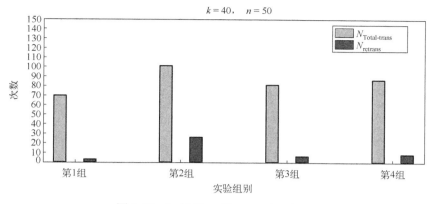

图 5.17　k=40 时，$N_{\text{Total-trans}}$ 与 N_{retrans}

5.4　基于数字喷泉码的水声传感器网络逐跳可靠传输

5.4.1　数据帧的发送

当解决了数字喷泉码的度分布和 RLT 码的译码问题后，接下来需要基于数字喷泉码实现节点间实时通信的可靠传输控制机制。水声 Modem 通常工作在半双工模式，接收和发送不能同时执行。一个可用的传输控制机制应该能够避免给处于发送状态的节点传输包而导致的发送-接收干扰。迄今为止，多数访问控制协议采用 RTS/CTS 握手机制动态协调节点传输。UASNs 产生数据的速率为 1～5bit/s，优化的包长度为 100 字节，而 RTS/CTS 包长为几十个字节。因此，与数据包相比，RTS/CTS 帧长并不是很短，采用 RTS/CTS 握手机制带来的收益并不显著。相反，考虑水声信道窄带宽、长延时等特点，RTS/CTS 握手降低了信道利用率、网络吞吐量，延长了端到端延迟。因此，基于 RLT 和 FDR 的可靠传输控制采用无 RTS/CTS 握手的传输机制。

源节点首先将原始数据包分成大小为 k 的块，即每数据块包含 k 个原始数据包。源节点对 k 个原始包进行编码。在 UASNs 中，发送一个包含 50 个优化包的数据块需要的时间约为 60s，能够满足两个节点间受限的传输时间。通过适当地设定块大小控制所需的传输时间，从而使接收节点能够接收足够的编码包以重构原始数据包，实现逐块、逐跳地可靠传输。

在基于数字喷泉码的可靠传输控制机制中，那些正在发送包的节点被认为处于发送状态。为了避免数据-ACK 的同步冲突，减少过度冗余，在传输效率与公平性之间进行折中，定义两个传输约束条件：①一次传输阶段中允许发送的最大数据包数量为 N；②同一个节点两个传输阶段的最小时间间隔是 T_a，等待 T_a 期满的节点被认为处在传输避免阶段。考虑声学 Modem 发送与接收状态的转换延时较大，通常为秒级，这里可设置 $T_a = 2\text{RTT}$（RTT 表示一个传输往返时间）。

在一个数据块的第一个传输阶段，发送节点发送 N 个编码包。为了便于接收节点以高概率恢复原始 K 个数据包，这里采用 RLT 度分布并设置 $N = (K + \zeta)/(1 - P_p)$。之后发送节点切换到接收状态，等待接收节点的反馈信息。参数 ξ 是为了提高接收节点成功译码的概率，因子 $1/(1 - p_p)$ 用于补偿信道错误。

来自接收节点的反馈信息包括接收到的帧的数量 N_r 以及不能重构的原始包数 k_1。发送节点动态确定包错误率 p_p，$p_p = (N - N_r)/N$。发送节点在该数据块的第二个传输阶段将度分布其中的 K 替换为 K_1，并发送 $N_1 = (K_1 + \zeta)/(1 - p_p)$ 个编码包，之后切换状态等待反馈信息。如此反复，直到译码成功为止。

网络初始化后，每个节点维护着一个动态邻居表，如表 5.4 所示，其中"状态"字段记录邻居节点的实时状态。状态"0"表示该邻居节点处于发送状态；"1"表示接收状态；"2"指未知状态；"3"指发送避免状态。协议中帧的格式如表 2.1 所示。在帧头部中，"原始包 ID"字段表示参与异或的原始包 ID；"帧序列号"用于标记该帧在帧链中的位置；"是否立即确认"字段用于通知接收节点是否立即返回确认信息，"1"表示立即确认，"0"表示暂不确认。为了避免冲突，提高信道效率和传输可靠性，每一个数据块的所有编码包以一个包链的形式进行传输。也就是说，在节点占用信道时，可将属于这个数据块的全部 N 个编码包按顺序进行传输。这些帧的序号分别为 $N, N-1, \cdots, 1$。序号为 N 的表示发送的第一个编码包；序号为 1 的是最后一个编码包。当节点发送了第一个序号为 $N-1$ 的帧后，根据是否收到该帧的确认帧决定是否继续发送该包链的后续的帧。因此，序号为 N 和序号为 1 的帧中"立即确认"字段的值置为 1，而其他序号的帧不要求接收节点立即确认。

当节点需要发送包时，首先搜索邻居表，查找接收节点的状态。如果该状态是"0"或"1"，则将推迟发送直到邻居表中接收节点的状态字段大于 1，否则发送节点转换到发送状态启动传输阶段并开始发送。

表 5.4　相邻节点的状态表

值	状态
0	发送状态
1	正在接收其他节点的数据
2	未知状态
3	发送避免状态

节点发送数据帧的代码如下：

```
//分块与分帧
void Node::node_up_split_frame( uint8_t nodeid_or_pos, Destination
```

```
&dest, uint8_t receive_id,uint8_t *buf, int len)
    {
        int pad_num = len % DEFINE_BLOCK_SIZE;
        Packet *first_packet = NULL;
        if(pad_num)
        {
            first_packet = new Packet();
            first_packet->data = new uint8_t[pad_num];
            memset(first_packet->data, 0, pad_num);

            first_packet->receive_id = receive_id;
            memcpy(first_packet->data, buf, pad_num);
            first_packet->len = pad_num;
            first_packet->org_index = 0;
            first_packet->block_id = 1;
            first_packet->encode_org_id.push_back(0);
            first_packet->nodeid_or_position = nodeid_or_pos;
            first_packet->destination = dest;
        }
        cout<<"----------------------first_packet->len="<<intToStr
(first_packet->len)<<endl;
        int frame_num = len / DEFINE_BLOCK_SIZE;
        if(pad_num)
            frame_num++;
        int block_num = ceil((double)frame_num / DEFINE_FRAME_NUM_
PER_BLOCK);
        for(int block_index = 0; block_index < block_num; ++block_index)
        {
            vector<Packet*> block;
            for(int frame_index = 0; frame_index < DEFINE_FRAME_NUM_
PER_BLOCK; ++frame_index)
            {
                if(block_index == 0 && frame_index == 0 && pad_num &&
first_packet)
                {
                    block.push_back(first_packet);
                    continue;
                }
```

```
                if(block_index * DEFINE_FRAME_NUM_PER_BLOCK + frame_
index >= frame_num)
                    break;

                Packet *packet = new Packet();
                packet->data = new uint8_t[DEFINE_BLOCK_SIZE];
                packet->receive_id = receive_id;
                if(pad_num)
                {
                    if(block_index==0)
                    {
                    memcpy(packet->data,buf+(block_index*(DEFINE_FRAME_
NUM_PER_BLOCK-1)*DEFINE_BLOCK_ SIZE + pad_num+(frame_index-1)*DEFINE_
BLOCK_SIZE), DEFINE_BLOCK_SIZE);
                    }
                    else
                    {
                        memcpy(packet->data, buf+((DEFINE_FRAME_NUM_
PER_BLOCK-1)*DEFINE_BLOCK_SIZE +pad_num  +(block_index-1) * DEFINE_FRAME_
NUM_PER_BLOCK*DEFINE_BLOCK_SIZE+frame_index* DEFINE_BLOCK_SIZE), DEFINE_
BLOCK_SIZE);
                    }
                }
                else
                {
                    memcpy(packet->data,buf+(block_index*DEFINE_FRAME_
NUM_PER_BLOCK*DEFINE_BLOCK_SIZE+frame_index*DEFINE_BLOCK_ SIZE),
DEFINE_BLOCK_SIZE);
                }
                packet->len = DEFINE_BLOCK_SIZE;
                packet->org_index = block.size();
                packet->block_id = block_index+1;
                packet->nodeid_or_position = nodeid_or_pos;
                packet->destination = dest;
                packet->block = 1;
                block.push_back(packet);
            }
        pack_.put(block);
    }
```

```
        }

    //发送第一帧
    void Node::node_up_data_send_first_frame(uint8_t imme_ack, bool
bRetry)
    {
        cout<<"---------------------"<<__FUNCTION__<<endl;
            if(!bRetry)
        {
                if(node_data_.status == AVOID || node_data_.status == SENDING)
            {
                return;
            }


        }
        if(sended_packet_vector_.size() > 0)
        {
            Packet* packet = sended_packet_vector_[0];
            default_encode_num=packet->frame_index;
            node_data_.status = SENDING;
            node_data_.receiving_id = packet->receive_id;

            FrameHead frameHead;
            memset(&frameHead, 0, sizeof frameHead);
            frameHead.sender_level = node_data_.level;
            frameHead.sender_id = node_data_.mid;
            frameHead.receiver_id = packet->receive_id;
            frameHead.type = DATA;  //data
            frameHead.frame_number = packet->frame_index;
            frameHead.ack = imme_ack;
            frameHead.block = packet->block;  //表示此 frame 要参与一起
                                                    组装数据
            if(0 < packet->encode_org_id.size())
                frameHead.org_id1 = packet->encode_org_id[0];
            else
                frameHead.org_id1 = 0x3F;
            if(1 < packet->encode_org_id.size())
                frameHead.org_id2 = packet->encode_org_id[1];
            else
```

```
                    frameHead.org_id2 = 0x3F;
            if(2 < packet->encode_org_id.size())
                    frameHead.org_id3 = packet->encode_org_id[2];
            else
                    frameHead.org_id3 = 0x3F;

            if(3 < packet->encode_org_id.size())
                    frameHead.org_id4 = packet->encode_org_id[3];
            else
                    frameHead.org_id4 = 0x3F;
            frameHead.block_size = packet->block_size;   //在编码 N 度时
                                                          设置
            frameHead.block_id = packet->block_id;
            frameHead.direction = UP;
            frameHead.sink_id = node_data_.sink_id;
            frameHead.nodeid_or_position = packet->nodeid_or_position;
            frameHead.destination = packet->destination;
            frameHead.application_type = ATTRIBUTE;
            frameHead.load_len = packet->len;
            int index = 0;
            int dataLen = sizeof(FrameHead) + frameHead.load_len + 2;
            uint8_t *buf = new uint8_t[dataLen];
            memset(buf, 0,  dataLen);
            memcpy(buf+index, &frameHead, sizeof(FrameHead));
            index += sizeof(FrameHead);
            memcpy(buf+index, packet->data, packet->len);
            index += packet->len;
            uint16_t fcs = 0;
            fcs=GenCRC(buf,index);
            memcpy(buf+index, &fcs, sizeof(fcs));
            host_send_data_to_modem(buf, dataLen);
            delete [] buf;
            if(imme_ack)
                    start_receive_first_frame_ack_timer();
        }
}
//发送剩下的 N-1 帧
void Node::node_up_data_send_all_remain_frame()
{
```

```
cout<<"----------------------"<<__FUNCTION__<<endl;
frame_size = sended_packet_vector_.size();
for(int i = 1; i < sended_packet_vector_.size(); ++i)
{
    Packet* packet = sended_packet_vector_[i];
    FrameHead frameHead;
    memset(&frameHead, 0, sizeof frameHead);
    frameHead.sender_level = node_data_.level;
    frameHead.sender_id = node_data_.mid;
    frameHead.receiver_id = packet->receive_id;
    frameHead.type = DATA;  //data
    frameHead.frame_number = packet->frame_index;
    if(i+1 == sended_packet_vector_.size())
        frameHead.ack = 1;
    else
        frameHead.ack = 0;
    frameHead.block = packet->block;  //表示此 frame 要参与一起
                                        组装数据
    if(0 < packet->encode_org_id.size())
        frameHead.org_id1 = packet->encode_org_id[0];
    else
        frameHead.org_id1 = 0x3F;
    if(1 < packet->encode_org_id.size())
        frameHead.org_id2 = packet->encode_org_id[1];
    else
        frameHead.org_id2 = 0x3F;
    if(2 < packet->encode_org_id.size())
        frameHead.org_id3 = packet->encode_org_id[2];
    else
        frameHead.org_id3 = 0x3F;
    if(3 < packet->encode_org_id.size())
        frameHead.org_id4 = packet->encode_org_id[3];
    else
        frameHead.org_id4 = 0x3F;
    frameHead.block_id = packet->block_id;
    frameHead.block_size = packet->block_size;  //在编码 N 度时设置
    frameHead.direction = UP;
    frameHead.sink_id = node_data_.sink_id;
    frameHead.nodeid_or_position = packet->nodeid_or_position;
```

```
        frameHead.destination = packet->destination;
        frameHead.application_type = ATTRIBUTE;
        frameHead.load_len = packet->len;
        int index = 0;
        int dataLen = sizeof(FrameHead) + frameHead.load_len + 2;
        uint8_t *buf = new uint8_t[dataLen];
        memset(buf, 0, dataLen);
        memcpy(buf+index, &frameHead, sizeof(FrameHead));
        index += sizeof(FrameHead);
        memcpy(buf+index, packet->data, packet->len);
        index += packet->len;
        uint16_t fcs = 0;
        fcs=GenCRC(buf,index);
        memcpy(buf+index, &fcs, sizeof(fcs));
        time_t cur_t = time(NULL);
        char rh[64]={0};
        static string record_time ;
        strftime(rh,sizeof(rh),"%Y-%m-%d %H:%M:%S", localtime(&cur_t));
        record_time = rh;
        host_send_data_to_modem(buf, dataLen);
        delete [] buf;
    }
 }
```

5.4.2　节点听到数据帧的处理

节点通过侦听控制或数据包，来获取邻居节点的实时状态信息。例如，当节点听到一个 xdata 帧(不是发给该侦听节点的数据帧)，若发送 xdata 的节点不在本节点的邻居表中，侦听节点将发送 xdata 的节点信息添加到本节点的邻居表中，进一步分以下两种情况执行：①帧序号>1，则将发送 xdata 的这个邻居节点在邻居表中的状态置为发送状态；②帧序号=1，这是该节点本次发送的最后一帧，之后该节点状态未知(重传或退避)。当节点听到数据包后的处理流程如图 5.18 所示。

需要注意的是，当该 ACK 报文是对帧序号>1 的数据帧的确认时，帧中内容只包含发送节点的基本信息。如果该 ACK 报文是对帧序号=1 的数据帧的确认时，ACK 帧的内容字段还需要包括已收到的编码包数量和未恢复的原始包 ID。

当收到包链中的第一个数据帧时，接收节点需要向发送节点回复 ACK，其作用有两点：①允许发送节点发送后续的 $N-1$ 帧，发送节点收到第一帧 ACK 后将发送剩余的 $N-1$ 帧；②用于通知其他能够听到 ACK 的节点更新邻居表中该接收节点的状态为"接收"。

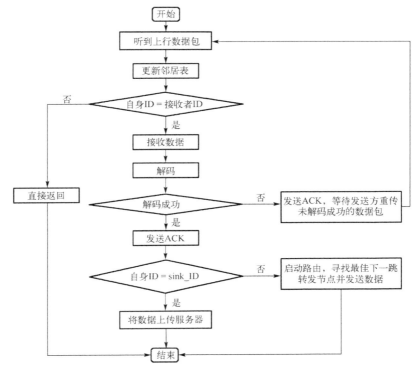

图 5.18　听到上行数据处理流程图

当收到包链中的最后一个数据帧时，接收节点需要向发送节点回复 ACK，其作用有两点：①用于通知发送节点最后一帧已接收成功，并且告知发送节点已收到的编码包数量以及原始包的恢复情况；②通知能够听到 ACK 的节点更新邻居表中这个接收状态的状态为未知。节点听到针对第一个数据帧的 ACK 或针对最后一个数据帧的 ACK 后更新邻居表中该节点状态的过程如下：

当节点侦听到一个 X-ACK 帧时(不是发给自己的 ACK)，若发送 X-ACK 的节点不在本节点的邻居表中，则将发送 X-ACK 的节点添加邻居表中，进一步分以下两种情况执行：①当被确认的帧序号>1，在邻居表中将发送 X-ACK 的节点置为接收状态；②当被确认的帧序号=1，此时确认的是一个包链中的最后一帧。若接收节点已成功解码(从确认帧的内容中判断)，则在邻居表中将发送 X-ACK 的节点置为未知状态(接收结束，进入闲置或发送避免状态)；若解码不成功，则发送 X-ACK 的节点仍然为接收状态，等待发送节点的后续传输。

发送 ACK 的代码如下：

```
//发送第一帧 ACK
void Node::receive_up_data_to_sender_ack_frame(FrameHead &frameHead)
```

```
    {
        cout<<"----------------------"<<__FUNCTION__<<endl;
        uint16_t success_frame_num = 1;
        uint8_t ack_flag=0;
        FrameHead ackFrameHead;
        memset(&ackFrameHead, 0, sizeof(ackFrameHead));
        ackFrameHead.sender_level = node_data_.level;
        ackFrameHead.sender_id = node_data_.mid;
        ackFrameHead.receiver_id = frameHead.sender_id;
        ackFrameHead.type = ACK;  //data
        ackFrameHead.frame_number = frameHead.frame_number;
        ackFrameHead.ack = 0;
        ackFrameHead.block_id = frameHead.block_id;
        ackFrameHead.block_size = frameHead.block_size;
        ackFrameHead.direction = UP;
        ackFrameHead.nodeid_or_position = frameHead.nodeid_or_position;
        ackFrameHead.destination = frameHead.destination;
        ackFrameHead.application_type = ATTRIBUTE;
        ackFrameHead.load_len = sizeof(uint8_t)+sizeof(uint16_t) + 1;
        uint8_t frameIndex = frameHead.frame_number;
        int index = 0;
        int dataLen = sizeof(FrameHead) + ackFrameHead.load_len + 2;
        uint8_t *buf = new uint8_t[dataLen];
        memset(buf, 0,  dataLen);
        memcpy(buf+index, &ackFrameHead, sizeof(FrameHead));
        index += sizeof(FrameHead);
        //*******************ackflag
        memcpy(buf+index, &ack_flag, sizeof(uint8_t));
        index += sizeof(uint8_t);
        //*******************
        memcpy(buf+index, &success_frame_num, sizeof(uint16_t));
        index += sizeof(uint16_t);
        memcpy(buf+index, &frameIndex, sizeof(uint8_t));
        index += sizeof(uint8_t);
        uint16_t fcs = 0;
        memcpy(buf+index, &fcs, sizeof(fcs));
        host_send_data_to_modem(buf, dataLen);
        delete [] buf;
    }
```

```cpp
//发送最后一帧 ACK
void Node::receive_up_data_to_sender_all_ack_frame(uint8_t success_
flag,FrameHead &frameHead)
    {
            cout<<"----------------------"<<__FUNCTION__<<endl;
            uint16_t received_frame_num = 0;
            for(map<uint8_t, vector<Packet*> >::iterator it = received_
encoded_frame.begin();
                it != received_encoded_frame.end(); ++it)
            {
                received_frame_num += it->second.size();
            }
            vector<uint8_t> decode_org_index;
            for(map<uint8_t, Packet*>::iterator it = received_org_
frame.begin();
                it != received_org_frame.end(); ++it)
            {
                decode_org_index.push_back(it->first);
                cout<<"---receive_up_data_to_sender_all_ack_frame--
received org index = "<<intToStr(it->first)<<endl;
            }
            FrameHead ackFrameHead;
            memset(&ackFrameHead, 0, sizeof(ackFrameHead));
            ackFrameHead.sender_level = node_data_.level;
            ackFrameHead.sender_id = node_data_.mid;
            ackFrameHead.receiver_id = frameHead.sender_id;
            ackFrameHead.type = ACK;
            ackFrameHead.frame_number = frameHead.frame_number;
            ackFrameHead.ack = 0;
            ackFrameHead.block_id = frameHead.block_id;
            ackFrameHead.block_size = frameHead.block_size;
            ackFrameHead.direction = UP;
            ackFrameHead.nodeid_or_position = frameHead.nodeid_or_
position;
            ackFrameHead.destination = frameHead.destination;
            ackFrameHead.application_type = ATTRIBUTE;
            ackFrameHead.load_len =sizeof(uint8_t)+ sizeof(uint16_t) +
decode_org_index.size();
            int index = 0;
            int dataLen = sizeof(FrameHead) + ackFrameHead.load_len + 2;
            uint8_t *buf = new uint8_t[dataLen];
            memset(buf, 0,  dataLen);
```

```
        memcpy(buf+index, &ackFrameHead, sizeof(FrameHead));
        index += sizeof(FrameHead);
        //************
        memcpy(buf+index, &success_flag, sizeof(uint8_t));
        index += sizeof(success_flag);
        //************
        memcpy(buf+index, &received_frame_num, sizeof(uint16_t));
        index += sizeof(received_frame_num);
        memcpy(buf+index, &decode_org_index[0], decode_org_index.
size());
        index += decode_org_index.size();
        uint16_t fcs = 0;
        memcpy(buf+index, &fcs, sizeof(fcs));
        host_send_data_to_modem(buf, dataLen);
        delete [] buf;
    }
```

节点听到 ACK 帧后的处理流程如图 5.19 所示。

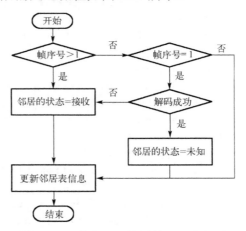

图 5.19　听到 ACK 帧后的处理流程图

5.5　性　能　评　估

5.5.1　NS3 下的仿真结果

本节通过 NS3 仿真实验对基于 RLT 和 FDR 的水声传感器网络逐跳可靠传输机制进行性能评估。仿真环境设置接近实际水下环境，70 多个节点随机部署在 7000m×7000m×3000m 的三维区域。仿真参数如表 5.5 所示。

表 5.5　仿真参数

参数	取值
分块大小 k	50
包长度 l/B	160
带宽/(Kbit/s)	10
路由协议	LB-AGR
流量	CBR
传输范围/m	1500
MAC 协议	SC-MAC

　　分别从平均端到端延时、端到端的传输率、能耗和吞吐量四个方面对机制的性能进行评估。其中端到端的延时、端到端的传输率以及能耗的性能评估如图 5.20 所示，吞吐量评估如图 5.21 所示。定义机制的传输率如下

$$\text{end-to-end delivery ratio} = \frac{\text{\# of packets received successfully at sink}}{\text{\# of packets generated at sources}} \quad (5.17)$$

吞吐量定义为每秒钟传输到 sink 节点的比特数(bit/s)。

　　从图 5.20 可以看出，当跳数为 1 时，本机制端到端的传输率接近 1。随着跳数的增加，机制的传输率略微下降。对于 UASNs，这样的传输率已经比较理想了。从图 5.20 还可以看出，本机制端到端的延时和总能耗也随着跳数的增加而增加，这是容易理解的。这里需要注意的是，端到端的传输率的实际值为纵轴坐标值除以 10。

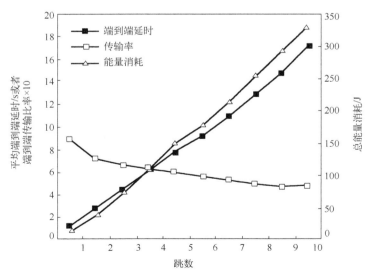

图 5.20　网络性能与跳数对比

如图 5.21 所示，随着源节点产生连续包的间隔时间的增加，提出的可靠传输机制的网络吞吐量随之下降。这是因为间隔时间越长，源节点产生的包越少，网络负载越小。

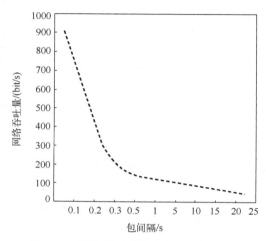

图 5.21　网络吞吐量与包间隔时间对比

5.5.2　性能对比

就目前所知，SDRT[8]和 CCRDT[9]是 UASNs 中两个较为经典的数据传输机制。本章进行了大量的仿真实验，将本章的可靠传输机制与 SDRT 和 CCRDT 在网络吞吐量和开销方面分别进行对比。为了便于对比，这部分的仿真参数按照 SDRT 和 CCRDT 机制进行设置。节点部署为四跳的线型拓扑，数据块大小 k 取 5，包的长度 l 在 50～200B，最大的比特率为 800bit/s。流量产生器产生包的间隔时间服从泊松分布。这里定义开销为：在多跳网络中额外传输的帧数与原始的输入包数量之比。

三个机制中包的长度对吞吐量的影响如图 5.22（a）所示。随着包长度的增加（从 50 到 200B），RCHF 机制比 SDRT 和 CCRDT 机制有更好的吞吐量。从图 5.22（a）还可以看出，随着包的长度的增加，三个机制的吞吐量随之增加。然而，随着包的长度的增加，RCHF 机制和 CCRDT 机制的吞吐量比 SDRT 上升更快。这是由于采用包错误率的预评估，RCHF 机制和 CCRDT 机制能够更好地适应动态变化的包错误率。在本书的可靠传输机制（RCHF）中，由于在接收节点反馈的 ACK 中包含丢失或损坏帧的信息，本章的机制能够更好地适应包错误率的时空变。

比特率对端到端吞吐量的影响如图 5.22（b）所示。在图中，包的长度为 200B。可以看出，本章提出的可靠传输机制在吞吐量性能胜于 SDRT 和 CCRDT。这是因为，本章的机制采用 RLT 递归编码，比完全随机编码更为高效，因此减少了重构原始包所需传输的编码包的数量。

　　跳数对吞吐量的影响如图 5.22(c) 所示。可以看出，本章的可靠传输机制成就了最高的吞吐量。随着跳数的增加，三个机制的吞吐量都随之下降。SDRT 机制的吞吐量下降最快。这是因为本章的可靠传输机制基于接收节点的状态执行转发，从而能够避免发送-接收冲突和侦听冲突。更进一步，本章机制中采用的传输避免时间间隔，大大减小了数据-ACK 冲突。而 SDRT 随着跳数的增加更容易遭受冲突。因此，从图 5.22(c) 可以看出，本章的机制显著提高了信道利用率。

　　跳数对开销的影响如图 5.22(d) 所示。如前所述，开销的定义为：在多跳网络中额外传输的帧数与原始的输入包数量之比。其中，需要额外传输的帧用 $\sum(N_i - k_i)$ 表示，i 表示第 i 个传输阶段。可以看出，随着跳数的增加，本章的可靠传输机制和 CCRDT 机制的开销基本保持不变。理由之一是：本章的 RCHF 和 CCRDT 机制对包错误率的测量降低了不必要的编码包传输。由于采用递归编码，RCHF 开销比其他两个机制更低。

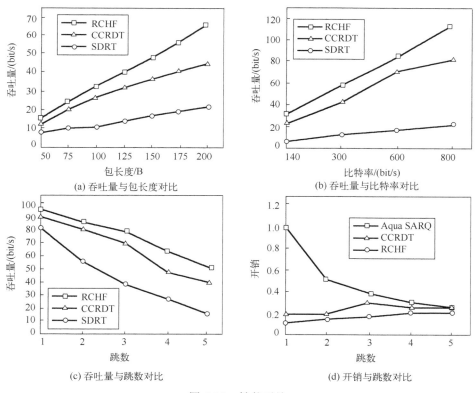

(a) 吞吐量与包长度对比　　　　　　　(b) 吞吐量与比特率对比

(c) 吞吐量与跳数对比　　　　　　　(d) 开销与跳数对比

图 5.22　性能对比

参 考 文 献

[1]　Jiang S. On reliable data transfer in underwater acoustic networks: a survey from networking perspective[J]. IEEE Communications Surveys and Tutorials, 2018, 20(2): 1036-1055.

[2]　Wei X, Guo H, Wang X, et al. Reliable data collection techniques in underwater wireless sensor networks: a survey[J]. IEEE Communications Surveys and Tutorials, 2021, 24(1): 404-431.

[3]　Yildiz H U. Maximization of underwater sensor networks lifetime via fountain codes[J]. IEEE Transactions on Industrial Informatics, 2019, 15(8): 4602-4613.

[4]　Simao D H, Chang B S, Brante G. Energy efficiency of multi-hop underwater acoustic networks using fountain codes[J]. IEEE Access, 2020, 8: 23110-23119.

[5]　Song Y. Underwater acoustic sensor networks with cost efficiency for internet of underwater things[J]. IEEE Transactions on Industrial Electronics, 2020, 68(2): 1707-1716.

[6]　Reed I S, Solomon G. Polynomial codes over certain finite fields[J]. Journal of the Society for Industrial and Applied Mathematics, 1960, 8:300 -304.

[7]　Luby M, Mitzenmacher M, Shokrollahi A. Practical loss-resilient codes[C]//Proceedings of the 29th Annual ACM Symposium on Theory of Computing, EL Paso, 1997: 150-159.

[8]　Xie P, Zhou Z, Peng Z, et al. SDRT: a reliable data transport protocol for underwater sensor networks[J]. Ad Hoc Networks, 2010, 8(7): 708-722.

[9]　Mo H, Peng Z, Zhou Z, et al. Coding based multi-hop coordinated reliable data transfer for underwater acoustic networks: design, implementation and tests[C]//Proceedings of the IEEE Global Communications Conference, Atlanta, 2013: 4566-4571.

[10]　Ke M, Liu Z, Luo X. Joint equalization and raptor decoding for underwater acoustic communication[C]//International Conference on Artificial Intelligence for Communications and Networks, Cham, 2020: 126-135.

[11]　Luby M. LT codes [C]//Proceedings of 43rd Annual IEEE Symposium on Foundations of Computer Science, Vancouver, 2002: 271-282.

[12]　Shokrollahi A. Raptor codes[J]. IEEE Transactions on Information Theory, 2006, 52(36): 2551-2567.

第 6 章　基于层级的路由协议

6.1　LB-AGR：基于分层的自适应地理路由协议

路由协议主要负责建立源节点与目的节点之间的消息传输路径，即实现路由功能。路由协议包含了两个方面功能：寻找源节点–目的节点间的最优路径，并将数据分组沿该路径正确转发。传统的 Ad Hoc 网络、无线局域网等的首要目标是提高服务质量和公平高效地利用网络带宽资源[1]。这些网络路由协议的优化目标通常是网络延时最小化，而能量问题通常不作为主要优化目标。而在陆地无线传感器网络中，由于节点能量有限，路由协议需要高的能量效率。同时，由于传感器网络规模一般较大，节点通常不具有全网拓扑信息，所以传感器网络的路由协议需要在已知局部网络信息的基础上选择合适的路径[2]。但是，当前陆地网络的路由协议由于受到种种方面的限制，均不能有效地直接应用于水下网络，复杂的水下环境给网络层路由协议的设计带来了全新的挑战。

在 UASNs 中由于水声链路的时空变特性，事先在源节点和目的节点之间建立一条完整且固定的通信路径是不现实的，所以 UASNs 一方面主要采用多跳传输的路由机制，另一方面路由表需要以一定的频率更新以适应网络的动态变化[3]。多跳传输方式需要借助中继节点转发信息，该方式要求多个节点共同协作完成消息从源节点到目的节点的传输，这就涉及中间节点选择的问题，如何选择中间节点从而有效降低传输延迟、提高数据传输率是路由协议主要解决的问题。此外，UASNs 的路由协议还要具备以下特性：①可扩展性，UASNs 中的节点受部署环境的影响造成部分节点或部分链路失效，因此能有效地检测和处理节点失效或移动造成的链路中断，适应不断变化的网络拓扑是 UASNs 路由协议需要解决的一个主要问题[4]；②节能性，在 UASNs 中，节点大都是以电池供电的，电量十分有限，且电池的更换耗时耗力，同时水声信号发射功率相对较大，因此，提高能量效率是 UASNs 设计的另一主要目标[5]；③容错性和鲁棒性，在 UASNs 中，节点的失效是很难避免的，造成节点失效的原因主要包括能量耗尽和环境因素，此外，水声信道的通信质量也很难保证，这就要求路由协议具有较好的鲁棒性，能有效避免部分节点的失效或链路的中断给整个网络造成影响；④快速收敛性，UASNs 的拓扑结构动态变化，节点能量和水声频谱带宽资源严重受限，因此要求路由算法可以做到快速收敛，以适应网络拓扑结构的动态变化，减小通信协议开销，提高信息传输效率[6]。

与传统的计算机网络不同的是，UASNs 具有定向通信特点，上行流量的目的为 sink 节点，下行流量源自 sink 节点，sink 节点作为整个网络的枢纽。而靠近 sink 节点的传感器节点，除了感知和产生数据，还负责中继和转发来自其他节点的包。当数据包沿上行路径向 sink 节点传输时，网络的负载也越来越重，容易在 sink 节点附近形成漏斗效应。所以 sink 节点和它附近的传感器节点对网络的正常运行具有重要的影响。因此为每个节点指定一个层级，用来表示节点的重要程度。这里的层级定义为传感器节点到 sink 节点的跳数。

水声传感器网络以数据为中心，对于大多数 UASNs 应用，没有附带位置信息的数据就没有任何意义。因此，每个 UASNs 节点首先需要获取各自的位置信息，这可以通过由 sink 节点发起的定位过程来完成。sink 节点定期广播一种包括定位和其他捎带信息的控制报文，便于传感器节点通过某种定位算法计算或更新自己的位置。控制报文的头部格式如表 2.1 所示。其中层级字段填充发送(上一跳)节点的层级信息，该字段被 sink 节点初始化为零。数据字段填充发送节点的 ID、位置、剩余能量、最小接收功率等信息，这些字段随着控制报文的定向泛洪而逐跳发生改变。

在 LB-AGR 路由协议中，节点在执行路由之前，首先需要获取位置和层级信息。sink 节点定期泛洪包括其层级和位置信息的控制消息，包头的层级字段用来指明发送节点的层级，该字段逐跳更新。当节点接收到目的为 sink 节点的上行流量数据包时，根据包头的层级信息在邻居表中搜索具有转发资格的下一跳节点(候选节点)，基于剩余能量、节点密度和位置信息为每个候选节点计算转发因子，从而确定最佳的下一跳节点。因此 LB-AGR 倾向选取那些剩余能量较高的节点作为下一跳，能够适应甚至在某种程度上优化动态拓扑，均衡网络的能耗，从而延长整个网络的寿命。由于取消了 VBF 等路由协议中的抑制时间，LB-AGR 缩短了端到端的延迟。LB-AGR 协议通过使用层级和两跳邻居的位置信息，在很大程度上解决了空旷区域(void area)问题。

在 LB-AGR 协议中，每个传感器节点为每个 sink 节点维护一张邻居表，如表 6.1 所示，记录两跳以内的邻居节点的信息，包括邻居节点的 ID、层级、位置、剩余能量、中介节点、老化时间、节点状态、最小接收功率等信息。UASNs 的流量通常可以分为以下四类：目的为 sink 节点的上行流量、到指定区域内的节点的下行流量、到特定节点的下行流量(不管该节点处在什么位置)和到所有传感器节点的下行广播流量。LB-AGR 基于节点间的层级差、剩余能量、密度、位置等信息为上行流量执行路由，基于层级等其他信息为下行流量执行路由。因此在执行路由之前，首先根据包的头部字段信息确定包所属的流量类型，不同类型的流量采用不同的路由决策。

表 6.1　邻居信息表

节点 ID	层级	剩余能量	中介节点	位置	老化时间	码索引	状态	最小接收功率
ID3	1	AP3	ID4	$\{x_3,y_3,z_3\}$	…	5	…	…
ID4	1	AP4	ID4	$\{x_4,y_4,z_4\}$	…	3	2:unknown	…
ID7	2	AP7	ID7,ID14	$\{x_7,y_7,z_7\}$	…	3	0:sending	…
ID13	3	AP13	ID13,ID14	$\{x_{13},y_{13},z_{13}\}$	…	…	2:unknown	…
ID14	3	AP14	ID14,ID13	$\{x_{14},y_{14},z_{14}\}$	…	5	3:avoid	…
ID1	0	AP1	ID4	$\{x_1,y_1,z_1\}$	…	3	1:receiving	…
ID5	1	AP5	ID4,ID7	$\{x_5,y_5,z_5\}$	…	6	…	…
ID15	3	AP15	ID14	$\{x_{15},y_{15},z_{15}\}$	…	…	…	…

6.1.1　基于层级的定向泛洪

在 LB-AGR 协议中,对于目的为指定 ID 的节点(位置未知)或广播至所有节点的下行流量,采用基于层级的定向泛洪。当第一次接收到控制报文时,接收节点在报文头部提取层级字段信息,即发送节点(上一跳)的层级,记为 L_{pre}。将 L_{pre} 加 "1" 后作为节点自己的层级,记为 L_{cur},并将该分组头部的源节点 ID、层级连同数据字段的位置信息、剩余能量及源节点的一跳邻居等信息,插入到邻居信息表中,之后分别更新报文的层级、源节点 ID 及数据字段为接收节点自身信息并进行转发。

当一个已经获取自身层级,且该层级信息未过期的传感器节点接收到一个控制分组时,它将对分组中的层级字段的值同自身的层级进行比较。如果分组中的级别 L_{pre} 较小,那么节点将更新自己的层级以及邻居表信息,并用节点的自身信息来替换分组头部中的层级、源节点 ID 和数据字段后,转发该分组。否则,节点只更新其邻居表不转发分组。

当一个已经获取了层级的接收节点收到控制报文时,接收节点需要判断是否更新层级,具体规则如下:当一个已经获取自身层级且该层级信息老化时间未到期的水下传感器节点接收到一个控制报文时,它将比较自身层级 L_{cur} 和报文中层级 L_{pre} 的大小。若 $L_{cur} > L_{pre} + 1$ 时,则更新自身层级为 $L_{cur} = L_{pre} + 1$,并用节点自身层级信息和节点 ID 来替换控制报文中的层级和发送节点 ID 字段信息后,进一步转发更新后的控制报文;否则丢弃该报文,不进行报文转发。当一个已经获取自身层级,但该层级信息老化时间已到期的水下传感器节点接收到一个控制报文时,将直接更新自身层级为 $L_{cur} = L_{pre} + 1$。如果节点始终收不到控制报文,则该节点与 sink 节点未连通,该节点为孤立节点,不能用于转发报文。

基于层级的定向泛洪机制保证了控制分组沿着从 sink 节点向远处传感器节点进行扩散,确保广播控制分组能够传输到整个网络,却不会像传统泛洪那样引入过多的转发，从而造成报文冲突。因此，对于广播报文或目的为指定 ID 的节点的控制分组，定向泛洪是一个很好的路由策略。收到广播报文的处理流程图如图 6.1 所示。

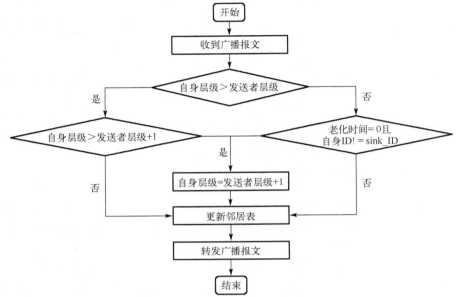

图 6.1　收到广播报文的处理流程图

基于层级的定向泛洪的代码如下：

```
//sink 发送广播
void Node::sink_down_broadcast_control_send()
{
FrameHead frameHead;
    memset(&frameHead, 0, sizeof frameHead);
    frameHead.sender_level = node_data_.level;
    frameHead.sender_id = node_data_.mid;
    frameHead.receiver_id = 0xFF;
    frameHead.type = CONTROL;
    frameHead.frame_number = 1;
    frameHead.ack = 0;
    frameHead.block_size = 1;
    frameHead.block_id = 0;
    frameHead.application_type = CONTROL_BROADCAST;
    frameHead.direction = DOWN;
    frameHead.sink_id = node_data_.mid;
    frameHead.nodeid_or_position = 1;
```

```
frameHead.destination.destination_id = 0xFF;
SinkInfo sinkInfo;
sinkInfo.sink_id = node_data_.mid;
sinkInfo.sink_gps = node_data_.sink_gps;
frameHead.load_len = sizeof(SinkInfo) + sizeof(Neighbor);
int index = 0;
int dataLen = sizeof(FrameHead) + frameHead.load_len + 2;
uint8_t *buf = new uint8_t[dataLen];
memset(buf, 0,  dataLen);
memcpy(buf+index, &frameHead, sizeof(FrameHead));
index += sizeof(FrameHead);
memcpy(buf+index, &sinkInfo, sizeof(SinkInfo));
index += sizeof(SinkInfo);
Neighbor neighbor;    //my self neighbor
neighbor.id = node_data_.mid;
neighbor.level = node_data_.level;
neighbor.ap = node_data_.ap;
neighbor.middle_id = node_data_.mid;
neighbor.pos = node_data_.pos;
neighbor.status = node_data_.status;
memcpy(buf+index, &neighbor, sizeof(Neighbor));
index += sizeof(neighbor);
uint16_t fcs = 0;
memcpy(buf+index, &fcs, sizeof(fcs));
host_send_data_to_modem(buf, dataLen);
delete [] buf;
loop_->runAfter(sink_down_broadcast_interval_,
    boost::bind(&Node::sink_down_broadcast_control_send, this));
}


//更新邻居表
    void Node::receive_down_broadcast_control_update_neighbors
(FrameHead&frameHead, uint8_t *buf)
    {
        cout<<"++++receive data=receive_down_broadcast_control_
update_neighbors"<<endl;
        int neighbor_num = (frameHead.load_len - sizeof(SinkInfo)) /
sizeof(Neighbor);
        Neighbor *neighbor = (Neighbor *)buf;
```

```
        for(int i = 0; i< neighbor_num; ++i)  //parse neighbors
        {
            (neighbor+i)->age_time = DEFAULT_INIT_AGE_TIME;
            if((neighbor+i)->id != node_data_.mid)
            {
                (neighbor+i)->middle_id = frameHead.sender_id;
                neighbors_[make_pair((neighbor+i)->id, (neighbor+i)->
middle_id)] = *(neighbor+i);
            }
        }
    }
    //转发广播报文
    void Node::transfer_down_broadcast_control_to_node(FrameHead&frameHead,
uint8_t *buf, int len)
    {
            frameHead.sender_level = node_data_.level;
            frameHead.sender_id = node_data_.mid;
            frameHead.receiver_id = 0xFF;
            vector<Neighbor> neighbor_send;
            neighbor_send.clear();
            Neighbor neighbor;    //my self neighbor
            neighbor.id = node_data_.mid;
            neighbor.level = node_data_.level;
            neighbor.ap = node_data_.ap;
            neighbor.middle_id = node_data_.mid;
            neighbor.pos = node_data_.pos;
            neighbor.status = node_data_.status;
            neighbor_send.push_back(neighbor);
            for(map<pair<uint8_t, uint8_t>, Neighbor, comp >::iterator
it = neighbors_.begin();
                it != neighbors_.end(); ++it)
            {
                if(it->first.first == it->first.second)
                {
                    neighbor_send.push_back(it->second);
                }
            }
            frameHead.load_len = sizeof(SinkInfo) + sizeof(Neighbor)*
neighbor_send.size();
```

```
int index = 0;
int dataLen = sizeof(FrameHead) + frameHead.load_len + 2;
uint8_t *sendbuf = new uint8_t[dataLen];
memset(sendbuf, 0, dataLen);
memcpy(sendbuf+index, &frameHead, sizeof(FrameHead));
index += sizeof(FrameHead);
memcpy(sendbuf+index, buf+index, sizeof(SinkInfo));
index += sizeof(SinkInfo);
memcpy(sendbuf+index, &neighbor_send[0], sizeof(Neighbor)*
neighbor_send.size());
index += sizeof(Neighbor)*neighbor_send.size();
uint16_t fcs = 0;
memcpy(sendbuf+index, &fcs, sizeof(fcs));
host_send_data_to_modem(sendbuf, dataLen);
delete [] sendbuf;
}
```

6.1.2　上行流量自适应路由

对于上行流量，LB-AGR 根据节点的层级、密度和剩余能量执行自适应路由算法。当接收到一个上行分组时，预期的接收节点将在邻居表中搜索那些具备转发资格的候选下一跳节点，即层级为 $L_{cur} - 1$ 的邻居节点。其中 L_{cur} 为接收节点的层级。对于拓扑动态变化的 UASNs，可能会存在多个候选的下一跳节点，如果这些候选节点都参与转发同一个分组，将会导致大量的冲突与重传。因此，为了减少冲突和能耗，代替 VBF 或 DBR 中的广播转发，LB-AGR 从候选节点 $node_i$ 中找出最佳的下一跳节点 NH_{best}。为了使节点能量均衡，最大限度地提高网络的寿命，LB-AGR 将节点密度和剩余能量因素考虑在内，以避免部分节点能量耗尽，同时尽可能地选择密度较大的节点作为下一跳，以此对网络拓扑进行某种程度的修剪。在这里为每一个候选的节点 $node_i$ 引入了一个综合转发因子 α_{desira}^i，即

$$\alpha_{desira}^i = \alpha_1 \cdot \frac{Density_i}{\sum_i Density_i} + \alpha_2 \frac{AP_i}{AP_{init}} \tag{6.1}$$

其中，$\alpha_1 + \alpha_2 = 1$，$\alpha_1, \alpha_2 \in [0,1]$，$\alpha_2 = \dfrac{\max_i(AP_i) - \min_i(AP_i)}{AP_{init}}$；$i$ 表示候选节点 $node_i$；$Density_i$ 表示节点 i 的上行邻居节点数，即级别为 $L_i - 1$ 的邻居节点的个数；AP_i 表示节点 $node_i$ 的剩余能量；AP_{init} 表示节点的初始能量。因此，如果候选节点的综合转发因子 α_{desira} 等于 $\max\{\alpha_{desira}^i\}$，那么它将当选为最佳的下一跳节点 NH_{best}。

在 LB-AGR 协议中，每一个与 sink 节点连通的传感器节点都会得到一个层级，具有层级的节点至少有一个上行的邻居节点(父节点)，基于层级的上行流量路由机制完全解决了贪心路由协议的空旷区域问题。上行流量的路由流程图如图 6.2 所示。

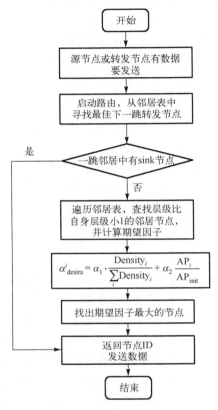

图 6.2　上行数据路由流程图

上行流量路由代码如下：

```
uint8_t Node::node_up_data_get_next_receive_id()
{
    for(map<pair<uint8_t, uint8_t>, Neighbor, comp >::iterator it
= neighbors_.begin();
        it != neighbors_.end(); ++it)
    {
        if(it->first.first == it->first.second && it->first.first
== node_data_.sink_id)
            return it->first.first;
    }
```

```
        for(map<pair<uint8_t, uint8_t>, Neighbor, comp >::iterator it
= neighbors_.begin();
            it != neighbors_.end(); ++it)
        {
            if(it->first.first != it->first.second && it->first.first
== node_data_.sink_id)
            {
                return it->first.second;
            }
        }
        double a2 = node_up_data_get_a2();
        double a1 = 1 - a2;
        map<uint8_t, uint8_t> density_map;
        map<uint8_t, uint8_t> ap_map;
        int two_hop_node_num = 0;
        map<uint8_t, Neighbor> level_map;
        for(map<pair<uint8_t, uint8_t>, Neighbor, comp >::iterator it
= neighbors_.begin();
            it != neighbors_.end(); ++it)
        {
            level_map[it->first.first] = it->second;
        }
        for(map<pair<uint8_t, uint8_t>, Neighbor, comp >::iterator it
= neighbors_.begin();
            it != neighbors_.end(); ++it)
        {
        if(it->first.first == it->first.second) //get one hop neighbor
        {
            if(level_map[it->first.first].level < node_data_.level)
                ap_map[it->first.first] = it->second.ap;
        }else
        {
            if(level_map[it->first.first].level + 1 < node_data_.level &&
                level_map[it->first.second].level < node_data_.level)
            {
                density_map[it->first.second] = density_map[it->
first.second] + 1;
                two_hop_node_num++;
            }
```

```
        }
    }
    double desired = 0;
    uint8_t receive_id = 0;
    for(map<uint8_t, uint8_t>::iterator it = density_map.begin();
        it != density_map.end(); ++it)
    {
        double desired_tmp=a1*it->second/two_hop_node_num+a2*
(double)ap_map[it->first]/ DEFAULT_INIT_AP;
        if(desired_tmp > desired)
        {
            desired = desired_tmp;
            receive_id = it->first;
        }
    }
    return receive_id;
}
```

6.1.3　基于层级和位置的下行路由机制

对于目的为指定区域的节点的下行控制报文，LB-AGR 执行有能量意识的地理路由决策。当节点收到这样的下行分组时，将从包头中提取层级字段值 L_{pre}，并与自己的 L_{cur} 进行比较。若 $L_{cur} < L_{pre}$，则判断该分组来自下游邻居，接收节点将更新邻居表后丢弃该分组。否则，接收节点提取包头中的目的位置字段，记为 Pos_{tar}，并在邻居表中查找比上一跳节点更接近目的节点的两跳邻居节点。匹配的节点记为 node_j，node_j 到目的地的距离记为 Dis_j，则 $\text{Dis}_j < \text{Dis}_{pre}$，$\text{Dis}_{pre}$ 为前跳节点到目的节点的距离。把从当前的接收节点到达 node_j 所经由的直接邻居节点记为 node_i，则 node_i 表示候选的下一跳节点。当接收节点无法找到一个匹配的两跳邻居时，它将在邻居表中查找比上一跳节点更接近目的地的一跳邻居节点，匹配的节点同样记为 node_i。无论哪种情况，node_i 都有转发资格的候选下一跳节点。分别为两种情况下的每一个候选下一跳节点 node_i 定义一个转发因子 α_{desira}^i，如下

$$\alpha_{\text{desira}}^i = \alpha_3 \cdot \frac{\text{Dis}_{\text{pre}} - \text{Dis}_j}{3R} + \alpha_4 \frac{\min[\text{AP}_i, \text{AP}_j]}{\text{AP}_{\text{init}}} \tag{6.2}$$

其中，$\alpha_3 + \alpha_4 = 1$，$\alpha_3, \alpha_4 \in [0,1]$，$\alpha_4 = \dfrac{\max_j(\min[\text{AP}_i, \text{AP}_j]) - \min_j(\min[\text{AP}_i, \text{AP}_j])}{\text{AP}_{\text{init}}}$。

$$\alpha_{\text{desira}}^i = \alpha_3 \cdot \frac{\text{Dis}_{\text{pre}} - \text{Dis}_i}{3R} + \alpha_4 \frac{\text{AP}_i}{\text{AP}_{\text{init}}} \tag{6.3}$$

其中，$\alpha_4 = \dfrac{\max\limits_i(\mathrm{AP}_i) - \min\limits_i(\mathrm{AP}_i)}{\mathrm{AP}_{\mathrm{init}}}$，则那个 α_{desira} 等于 $\max\{\alpha_{\mathrm{desira}}^i\}$ 的节点当选为最佳下

一跳节点。基于两跳邻居位置信息的下行地理路由在解决空旷区域问题方面明显优
于传统的贪心路由机制。下行路由机制中发送控制报文的代码如下：

```cpp
//0---pos  1---nodeid  //发送控制指令到指定节点或指定区域
    void Node::sink_down_control_cmd_to_node_send(uint8_t
pos_or_nodeid, Destination &dest, string &cmd)
    {
        cout<<"-----------------------"<<__FUNCTION__<<"----------"<<endl;
        if(node_data_.status == RECEIVING)
        {
            cout<<"----------if(node_data_.status == RECEIVING)-----------"
<<__FUNCTION__<<"------------------"<<endl;
            return;
        }
        if(node_data_.sink_id > 0)
        {
        uint8_t receive_id = 0xFF;
        if(pos_or_nodeid == 0)   //POS
        {
            receive_id = sink_down_get_next_receive_node_id_from_
pos(dest.pos);
            if(receive_id == 0)
            {
                cout<<"+++++++++++++++++++++sink not find next hop
+++++++++++++++++++s"<<endl;
                return;
            }
        }
        FrameHead frameHead;
        memset(&frameHead, 0, sizeof frameHead);
        frameHead.sender_level = node_data_.level;
        frameHead.sender_id = node_data_.mid;
        frameHead.receiver_id = receive_id;
        frameHead.type = CONTROL;
        frameHead.frame_number = 1;
        frameHead.ack = 0;
        frameHead.block_size = 1;
```

```
                    frameHead.block_id = 0;
                    frameHead.application_type = ATTRIBUTE;
                    frameHead.direction = DOWN;
                    frameHead.sink_id = node_data_.mid;
                    frameHead.nodeid_or_position = pos_or_nodeid;
                    frameHead.destination = dest;
                    frameHead.load_len = /*sizeof(Destination) +*/ cmd.length();
                    int index = 0;
                    int dataLen = sizeof(FrameHead) + frameHead.load_len + 2;
                    uint8_t *buf = new uint8_t[dataLen];
                    memset(buf, 0, dataLen);
                    memcpy(buf+index, &frameHead, sizeof(FrameHead));
                    index += sizeof(FrameHead);
                    memcpy(buf+index, cmd.c_str(), cmd.length());
                    index += cmd.length();
                    uint16_t fcs = 0;
                    memcpy(buf+index, &fcs, sizeof(fcs));
                    host_send_data_to_modem(buf, dataLen);
                    delete [] buf;
               }
          }
```

6.1.4 性能评估

在本节中, 对 LB-AGR 的网络性能进行评估, 并同 VBF 和 VBVA 协议[7]进行比较。仿真场景设置: 9、16、25、36 个传感器节点先后随机部署在一个 3000m×3000m×1000m 的 3D 区域, 25、36、49 个节点先后随机部署在 6000m×6000m×2000m 的区域, 49、64、81、100 个节点先后部署在 9000m×9000m×4000m 的区域。sink 节点随机部署在水面, 且一旦部署, 其位置保持不变。源节点每 10s 产生一个包, 包负载为 50B。节点初始能量为 10000J, 发送、接收和空闲状态的功率分别为 2W、0.75W 和 10mW。频率为 25kHz。

分别采用以下四个参数对比不同协议的性能, 平均端到端延时如图 6.3(a)所示、包传输率(sink 节点成功接收的总包数与源节点发送的总包数之比)如图 6.3(b)所示、总能量消耗如图 6.3(c)所示、能耗的均衡性如图 6.3(d)所示。能耗的均衡性采用 Jain 的公平性指数衡量, 即

$$J(\text{AP}_1, \text{AP}_2, \cdots, \text{AP}_n) = \frac{\left(\sum_{i=1}^{n} \text{AP}_i\right)^2}{n \cdot \sum_{i=1}^{n} \text{AP}_i^2} \tag{6.4}$$

从图 6.3(a)和图 6.3(c)可以看出，LB-AGR 协议在平均端到端延时和总能量消耗方面明显优于 UWSN 已有的 VBF 和 VBVA 协议。图 6.3(b)表明，LB-AGR 协议在包传输率上略逊于 VBF 和 VBVA 协议。考虑 LB-AGR 采用单播转发，而 VBF 和 VBVA 采用广播转发，因此，LB-AGR 协议在包成功传输率方面仍然具有较好的性能；考虑 LB-AGR 显著减少的能耗，此处 LB-AGR 传输率性能的微小下降可以忽略。从图 6.3(d)可以看出，LB-AGR 能耗均衡性会随着节点的数量增加而增加，但 VBF 和 VBVA 的能耗均衡性却迅速下降。

LB-AGR 基于节点层级、剩余能量、密度、位置确定最佳路由，执行单播转发，取代了现有 UASNs 的 DBR、VBF 和 VBVA 的广播转发，显著降低了能耗。DBR、VBF 和 VBVA 等协议在转发前采用抑制时间弥补广播转发带来的冗余，造成额外的延时，LB-AGR 的立即转发机制避免了采用抑制时间引入的延时，明显降低了端到端延时。将剩余能量和节点密度作为计算转发因子的参数，并以此确定最佳路由，在很大程度上均衡了整个网络的能耗，捎带了对网络拓扑的优化裁剪，延长了整个网络的生存期。

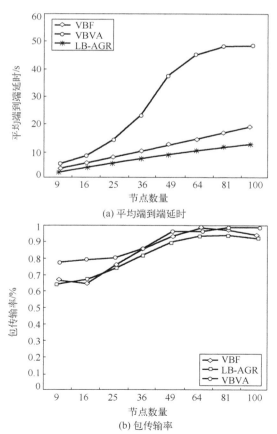

(a) 平均端到端延时

(b) 包传输率

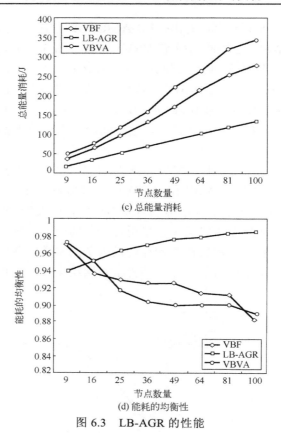

(c) 总能量消耗

(d) 能耗的均衡性

图 6.3　LB-AGR 的性能

6.2　LEER：基于分层的能量均衡多径路由协议

多径路由指数据的多个副本沿不同的路径传输到 sink 节点。在多跳的 UASNs 中，多径路由协议在一定范围内选择转发节点，在某些跳中转发节点可以有多个，因此可能会有多个副本沿着不同的路径到达目的节点。多径路由在一定程度上提高了网络的交付率。科研人员针对多路径路由展开了一系列研究并取得了丰硕的成果，例如，聚焦束路由 FBR、基于深度的路由 DBR、基于逐跳动态选址路由 H2-DAB、基于深度的节能路由 EEDBR、逐跳基于矢量的转发路由 HH-VBF、基于定向泛洪的路由 DFR 等。

本节提出了适用于 UASNs 的基于分层的能量均衡多径路由 LEER(layer-based and energy-efficient routing)协议。LEER 是一种基于分层的多径路由协议，节点基于层级自主决定是否转发收到的报文，且在路由决策中考虑了节点剩余能量和一跳延迟。在 UASNs 中，使用 LEER 协议进行路由时，不需要知晓网络中的每个传感器节点任何位置信息；同时还避免了常见的路由空洞问题。

6.2.1　LEER 协议概述

LEER 协议考虑如图 6.4 所示的三维水声传感器网络模型,该网络由位于水面的 sink 节点和分布在水下区域的若干普通传感器节点组成。在网络中, 所有的传感器节点根据到达 sink 节点的跳数被划分为若干层。水下数据的传输是自下而上的, 即水下传感器节点感知采集到的环境参数等信息转发到水面的 sink 节点。水下传感器节点的功能是采集水中的环境数据, 并以多跳的方式将采集到的数据转发到水面的 sink 节点。sink 节点的功能是接收水下节点的数据, 并将接收到的数据发送到岸上的基站。此外, 做出以下三个假设。

①一旦 sink 节点被部署, 它的位置即固定;

②除 sink 节点外, 所有水下传感器节点具有相同的功能和参数(如初始能量、固定传输功率、通信半径等);

③所有水下传感器节点以分层方式随机部署在三维水下区域。

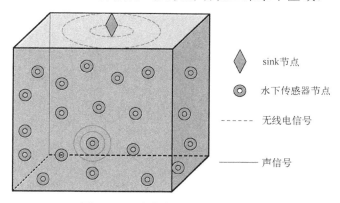

图 6.4　三维水声传感器网络模型

三维网络模型建模完成后, LEER 协议主要分为两个阶段: 第一个阶段是网络初始化阶段,网络初始化完成后进入数据传输阶段。在网络初始化阶段,每个与 sink 节点连通的水下节点都会获取自身的层级信息(距离 sink 节点的跳数)。在数据传输阶段, 源节点产生数据包, 并以多跳的方式将数据包转发到位于水面的 sink 节点。

(1)网络初始化阶段。

在网络初始化阶段,sink 节点定期地向网络中广播 Hello 报文。水下传感器节点第一次收到 Hello 报文后,提取 Hello 报文中的层级字段信息进而更新自身层级并继续广播更新后的 Hello 报文。经过一段时间,收到 Hello 报文的水下传感器节点都能获取到自己的层级信息。

(2)数据传输阶段。

当节点获取到自身层级后, 就可以传输控制或数据报文了。在 LEER 协议中, 当节点收到数据包后，需要判断是否转发这个数据包时，接收节点会将自己的层级与发送节点的层级大小进行比较，同时也会考虑自身的剩余能量和一跳延迟这两个因素。

分层后同层节点之间不必通信，减少了大量冗余包的传输并降低了网络总能耗，同时还有效避免了路由空洞问题。这是因为获取了自身层级的节点至少有一个以上的上层邻居节点通向 sink 节点，而同层的邻居节点距离 sink 节点的跳数并不小。

6.2.2　节点分层

LEER 协议采用与 6.1.1 节中相同的分层机制，分层示意图如图 6.5 所示。在图 6.5 中，首先位于水面上的 sink 节点向网络中广播带有层级的 Hello 报文，水下传感器节点（N1、N2、N3、N4）接收到 Hello 报文后，提取出其中 sink 节点的层级 $L\_Snd = 0$，进一步更新自己的层级 $L\_Rec = 1$，并用节点自身层级 $L\_Rec = 1$ 和节点 ID（N1、N2、N3、N4）来替换 Hello 报文中的层级和发送节点 ID 字段信息后，进而广播新的 Hello 报文。节点（N5、N6、N7、N8）分别从上层节点（N1、N2、N3、N4）接收 Hello 报文，获取上一跳节点的层级为"1"，并更新自己层级为"2"，更新 Hello 报文中的层级和发送节点 ID 字段信息后，再次进行广播新的 Hello 报文。同样节点 N9、N10、N11、N12 接收到上一跳节点（N5、N6、N7、N8）广播的 Hello 报文，读取报文中层级字段后更新自身层级为"3"，更新 Hello 报文中的层级和发送节点 ID 字段信息，继续进行广播。

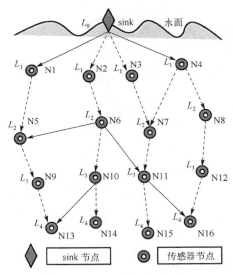

图 6.5　分层示意图

此外，当节点多次收到 Hello 报文时，节点需要比较 Hello 报文的层级字段的值与自身层级的大小，判断是否需要更新自身层级。以节点 N5 为例，当节点 N5 第一次收到第一层节点 N1 广播的 Hello 报文时，读取该报文中的层级字段值为"1"，节点 N5 更新自身层级为"2"，并用节点自身层级"2"和"节点 ID=5"来替换 Hello 报文中的层级字段"1"和"发送节点 ID=1"后，继续广播该 Hello 报文。过了一小段时间后，节点 N5 收到来第二层节点 N6 广播的 Hello 报文，已知自身层级为"2"且层级信息老化时间未到期，比较与节点 N6 的层级大小。因为节点 N6 的层级和节点 N5 的层级相同，所以当节点 N5 接收到来自 N6 的 Hello 报文时，不必更新层级，也不转发该 Hello 报文。

6.2.3　基于转发概率设置定时器

本节介绍基于转发概率的定时器超时值、数据包转发流程和多径路由分析。水下节点转发数据包时采用多径向上层节点转发策略，根据该节点的剩余能量及一跳延迟计算节点的转发概率，得以以低延迟路径将数据转发给水面的 sink 节点，同时考虑了节点剩余能量使得网络能量消耗均衡，进而延长网络寿命。

接收节点通过计算自己的转发概率来确定是否参与转发该数据报文的过程。转发概率是基于一跳延迟和节点的剩余能量，其中一跳延迟指的是上一跳发送节点发送数据包后到接收节点收到该数据包的延迟。为了沿低延迟路径将数据报文传输到接收节点，使用一跳延迟作为权重因子来计算转发概率。节点 k 转发数据包的概率 P_k 定义为

$$P_k = \alpha\left(1 - \frac{\mathrm{Del}_k}{\mathrm{Del}_{\max}}\right) + \beta\left(\frac{E_k}{E_{\mathrm{ini}}}\right) \tag{6.5}$$

其中，权重系数 α 和 β 的取值范围均为[0,1]且 $\alpha+\beta=1$，Del_k 是发送节点到接收节点 k 的一跳延迟，$\mathrm{Del}_{\max}$ 是网络中预先定义的最大延迟时间，E_k 是接收节点 k 的当前剩余能量，E_{ini} 是普通水下节点的初始能量。权重系数 α 和 β 可以权衡最小延迟路径和高剩余能量的选择。由式(6.5)可知，转发概率与一跳延迟成反比，与节点剩余能量成正比。一跳延迟越短，接收节点的剩余能量越多，则该节点转发概率越高。

接收节点在接收到数据报文之后都会设置基于转发概率的定时器超时值，转发概率越高，节点定时器到期越早，即节点转发概率与节点定时器超时值成反比。节点 k 基于转发概率 P_k 的定时器超时值 T_{out} 计算公式为

$$T_{\mathrm{out}} = \sqrt{\frac{1}{P_k}} \times \mathrm{Del}_{\max} + \mathrm{Rand}() \tag{6.6}$$

其中，$\mathrm{Rand}()$ 是随机函数，取值范围为[0,1]。当两个节点有相同的一跳延迟和剩余能量时，两个节点中将随机有一个优先进行数据包转发，可以减少冗余包的产生。

6.2.4　数据包转发流程

当节点接收到数据报文时，首先判断本身是不是 sink 节点，若自身是 sink 节点，则不需要转发该数据报文，直接接收该数据报文即可，表明此次数据报文传输成功。

否则，接收节点需要先判断是否将数据报文进行转发，直至转发到位于水面的 sink
节点。接收节点需要先判断自身层级 L_Rec 与发送节点层级 L_Snd 大小，若
L_Rec≥L_Snd，则接收节点丢弃该数据包；否则，接收节点根据式(6.5)计算基于
一跳延迟和剩余能量的转发概率 P_k，进而设置定时器的超时值，该超时值是根据
式(6.6)计算基于转发概率的数据转发延迟。在定时器到期时，接收节点作为发送节
点进一步转发更新自身层级等信息的新的数据报文。同时，其他保持有该数据包的
转发节点听到已经有节点转发了该数据报文，则关闭自己的定时器且丢弃该数据报
文。重复上述步骤，直到把数据报文转发到位于水面上的 sink 节点。数据报文从水
下的数据源节点转发到 sink 节点的流程如图 6.6 所示。

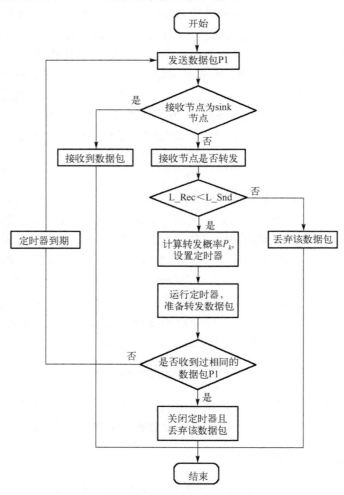

图 6.6　数据包转发流程

6.2.5　多径路由情景分析

当有多个接收节点转发数据报文时，接收节点在互相通信范围内关闭转发概率低的接收节点定时器且丢弃数据报文。以图 6.7 为例，节点 A 收到数据源节点发送的数据报文 P1，节点 A 首先计算自己的转发概率，根据计算的转发概率计算定时器超时值并启动定时器。定时器到期后，节点 A 立即转发该数据报文 P1。节点 B 收到数据源节点发送的数据报文 P1，计算自己的转发概率，然后根据计算的转发概率计算定时器超时值，开启定时器。在等待的过程中，如果节点 B 听到节点 A 转发的数据报文 P1，节点 B 关闭自身的超时定时器，并丢弃数据包 P1。

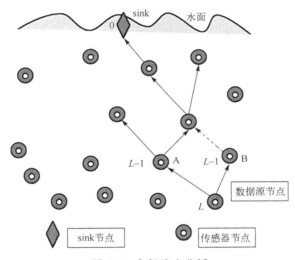

图 6.7　多径路由分析

然而，当有多个接收节点转发数据报文时，接收节点之间互相听不到对方转发的数据信息，则会有多条到达水面的 sink 节点的路径。以图 6.7 为例，如果节点 B 在等待期间没有听到节点 A 广播的数据报文 P1，这意味着节点 B 不在节点 A 的传输范围内，在这种情况下，当节点 B 自身的定时器到期时，节点 B 也将转发数据包 P1。由于该协议是基于泛洪的，属于多路径路由协议，而不是单路径路由协议。因此，每个节点将在其计时器到期时立即转发数据包。它相当于存在多个接收节点转发同一数据包的情况。多个节点转发同一数据包，将会产生一定数量的冗余包，使得网络的整体能耗增加。然而，多径路由协议同时还提高了网络的容错性及鲁棒性。以图 6.7 为例，当数据源节点将数据包 P1 经过节点 A 向 sink 节点进行传输的路径出现故障时，还能够通过节点 B 传输数据包 P1 的路径进行数据转发，最终将数据包 P1 转发至 sink 节点，提高了网络的容错性及鲁棒性。

6.2.6　路由空洞问题分析

使用DBR 协议及其他贪婪水下路由协议进行数据转发时,不可避免会出现路由空洞问题。以图 6.8 为例,数据源节点 N19 产生数据报文,采用贪婪算法找到下一跳节点 N15,同样 N15 节点使用同样的方式找到其下一跳节点 N12,节点 N12 的下一跳节点为节点 N8,节点 N8 收到数据报文后,使用贪婪算法向上转发数据包时,没有找到比该节点距离 sink 节点更近的节点,则节点 N8 的上部区域被称为路由空旷区域,也就是 UASNs 路由协议中常见的路由空洞问题。

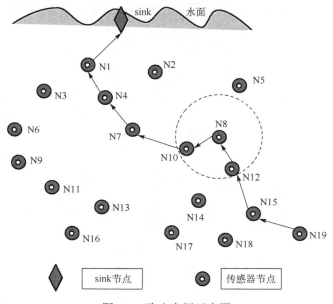

图 6.8　路由空洞示意图

而本节提出的 LEER 路由协议则不会出现路由空洞这种情况。因为在网络初始化阶段参与数据传输的水下节点都会学习到自身的层级,所以当水下节点从水底向 sink 节点转发数据报文时,参与数据报文转发的节点都获取到了自身层级。也就是说,转发节点至少有一个上层邻居节点,不会出现路由空洞问题。在 LEER 中转发节点向 sink 节点转发时,不像 DBR 只是以深度信息为路由度量向靠近 sink 节点的方向进行转发,而是先判断层级是否符合要求,再设置基于转发概率的定时器超时值。网络初始化阶段水下节点获取到自身层级后的示意图如图 6.9 所示。如图 6.9 所示,数据源节点 N19 向 sink 节点发送数据的路径为 N19→N15→N12→N10→N7→N4→N1→sink。所以说在 LEER 中避免了出现像节点 N8 上部区域的路由空旷区域问题。

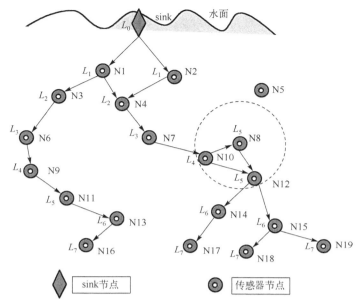

图 6.9　分层后的路由空洞示意图

6.2.7　LEER 协议的仿真与分析

本节考虑用于仿真的网络拓扑是由多个普通水下节点和 1 个 sink 节点组成的多跳分层三维静态水声传感器网络。在水面上部署一个静止的 sink 节点，在 1500m×1500m×2500m 的三维区域中随机部署 20、30、40、50、70 个水下传感器节点，仿真参数如表 6.2 所示。接下来的仿真实验中，各组实验数据是在相同仿真参数设置下进行 15 次实验取平均值的结果。

表 6.2　LEER 协议仿真参数

参数	取值
最大通信半径/m	1000
数据包大小/B	134
仿真时间/s	1000
初始能量/J	1000
发送功率/W	0.1
接收功率/W	0.05
MAC 层协议	Aloha
每组参数仿真次数	15

本节的仿真实验考虑数据包交付率、端到端延迟、网络总能耗和单位数据包能

耗等指标,对 LEER 协议进行性能分析。此外,通过改变某个仿真参数(如权重系数、发包间隔、最大通信半径)进行对比仿真试验,分析这些仿真参数对使用 LEER 协议的网络的某些性能(如交付率、端到端延迟、网络总能耗等)的影响。

(1)数据包交付率。

数据包交付率(packet delivery rate,PDR)指的是位于水面的 sink 节点成功接收到的总包数 $P_{success}$ 与位于水下的数据源节点发送的总包数 P_{send} 的比值。数据包交付率是评估网络质量的重要指标。数据包交付率 PDR 计算公式如下

$$PDR = \frac{P_{success}}{P_{send}} \tag{6.7}$$

(2)端到端延迟。

端到端延迟指的是数据包从数据源节点发送到 sink 节点花费的时间。通过计算 sink 节点收到数据包的时间与数据包从数据源节点发出的时间做差即为端到端的延迟。

(3)网络总能耗。

网络总能耗 (energy consumption total) EC_{total} 指的是仿真时间内整个网络中所有节点消耗的能量之和[7]。通过计算节点初始能量与节点剩余能量之差可得单个节点消耗的能量,将网络中所有节点消耗的能量相加求和即为网络总能耗。网络总能耗计算公式如下

$$EC_{total} = \sum_{i=1}^{N} (E_{ini} - E_{res}) \tag{6.8}$$

其中,E_{ini} 是节点初始能量,E_{res} 是节点剩余能量,N 是网络中节点数量。

(4)单位数据包能耗。

单位数据包能耗 (energy consumption per packet) EC_{pp} 指的是网络总能耗 EC_{total} 与 sink 节点成功接收的数据包数 $P_{success}$ 的比值。单位数据包能耗计算公式如下

$$EC_{pp} = \frac{EC_{total}}{P_{success}} \tag{6.9}$$

(5)能耗均方差。

能耗均方差 EC_{var} 指的是网络中每个节点实际的能耗与网络节点平均能耗的偏离情况。网络中节点能耗的均衡性可以使用能耗均方差这个指标对节点的能量消耗情况进行评估。能耗均方差计算公式如下

$$EC_{var} = \sqrt{\frac{\sum_{i=1}^{n} (EC_i - EC_{ave})^2}{n}} \tag{6.10}$$

其中,n 是网络中的节点数;EC_i 是节点在网络中实际的网络能耗;EC_{ave} 是网络中

所有节点的平均能耗，即网络总能耗 EC_{total} 与节点数 n 的比值。

（6）网络吞吐量。

网络吞吐量定义为仿真时间内 sink 节点成功接收到的数据包数。

1. 权重系数对网络性能的影响

在计算数据转发概率的式(6.5)中，α 和 β 是权重系数，其中 $\alpha+\beta=1$。不同的权重系数组合对网络性能有着一定的影响。本节通过仿真实验研究不同的权重系数 α 和 β 组合对网络交付率、总能耗及端到端延迟的影响。不同的权重系数组合有 9 组，分别取值为 $(\alpha=0.1, \beta=0.9)$、$(\alpha=0.2, \beta=0.8)$、$(\alpha=0.3, \beta=0.7)$、$(\alpha=0.4, \beta=0.6)$、$(\alpha=0.5, \beta=0.5)$、$(\alpha=0.6, \beta=0.4)$、$(\alpha=0.7, \beta=0.3)$、$(\alpha=0.8, \beta=0.2)$、$(\alpha=0.9, \beta=0.1)$。在网络中随机部署 21 个节点，其他参数同表 6.2。

图 6.10 表示不同权重系数 α 对数据包交付率的影响。从图 6.10 可以看到，当权重系数 α 取值为 0.5 时，即权重系数组合为 $(\alpha=0.5, \beta=0.5)$ 时，网络的数据包交付率最高。图 6.11 表示不同权重系数 α 对数据包的平均端到端延迟的影响。

图 6.12 表示不同权重系数 β 对网络能耗均衡性的影响。能耗均方差越小，说明网络中节点能耗均衡性越好。从图 6.12 可以看到，随着权重系数 β 值的增大，当 β 取值为 0.5 时，能耗均方差逐渐趋于稳定，网络能耗均衡性也较好。综上，将考虑该权重系数组合 $(\alpha=0.5, \beta=0.5)$ 进行接下来的相关仿真实验，验证使用 LEER 协议的网络性能。

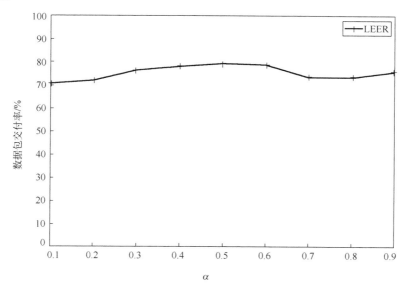

图 6.10　权重系数 α 对数据包交付率的影响

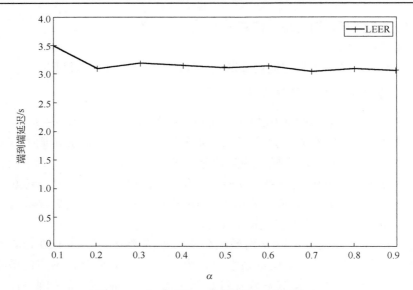

图 6.11　权重系数 α 对端到端延迟的影响

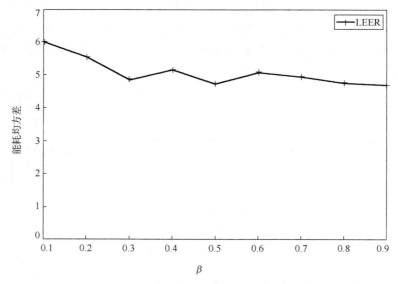

图 6.12　权重系数 β 对能耗均衡性的影响

2. 发包间隔对网络性能的影响

本节通过仿真实验研究不同的发包间隔对网络吞吐量和网络总能耗的影响。在仿真环境中随机部署 21 个节点，发包间隔分别设置为 5s、10s、15s、20s、40s、60s、80s，其他的仿真参数同表 6.2。

图 6.13 表示发包间隔对使用 LEER 协议的网络吞吐量的影响。该组仿真实验比较的是随着发包间隔的增加网络吞吐量的变化趋势。从图 6.13 可以看到，网络吞吐量有着两段变化趋势：前一段是随着间隔的增加，网络吞吐量也随之增加；当发包间隔取值为 20s 时，网络的吞吐量最高，之后随着发包间隔的增加，网络吞吐量有所下降。这是因为当发包间隔较小时，在网络中频繁进行数据传输时，有着较大的冲突，使得数据包传输失败，有着较低的数据包交付率；随着发包间隔的增加，网络中的冲突有所缓解，网络吞吐量随之增加；但是当发包间隔过大时，相同的仿真时间内产生的数据包的数量减少，虽然会有较高的数据包交付率，但会导致网络吞吐量下降。

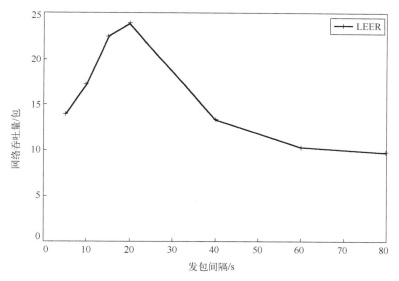

图 6.13　发包间隔对网络吞吐量的影响

图 6.14 表示发包间隔对 LEER 协议的网络总能耗的影响。该组仿真实验比较的是随着发包间隔的增加网络总能耗的变化趋势。从图 6.14 可以看到，网络总能耗随着发包间隔的增加而减少。这是因为在相同的仿真时间内，节点使用较大的发包间隔发送的数据包数量随着减少，网络中所有节点消耗的总能量也就随之降低。

3. 最大通信半径对网络性能的影响

本节通过仿真实验研究不同的最大通信半径对网络总能耗和端到端延迟的影响。在仿真环境中随机部署 21 个节点，发包间隔分别设置为 5s、10s、15s、20s、40s、60s、80s。最大通信半径分别取值为 1000m 和 1500m，其他的仿真参数同表 6.3。

图 6.15 表示最大通信半径对使用 LEER 协议的网络总能耗的影响。该组仿真实验比较的是不同通信半径随着节点数量的增加网络总能耗的变化趋势。从图 6.15 可

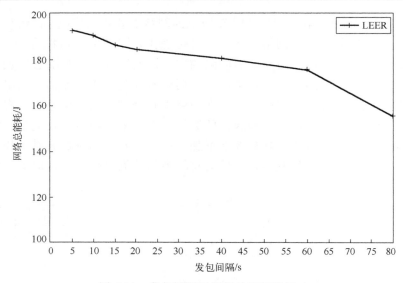

图 6.14　发包间隔对网络总能耗的影响

以看到，节点的通信半径为 1500m 进行数据传输时网络中消耗的总能耗明显比节点的通信半径为 1000m 时消耗的大；随着节点数量的增多，网络能耗随之增加。这是因为网络中节点设置较高的最大通信半径，就需要设置更大的发送功率，也就需要消耗更多的能量。在同样仿真三维区域内进行数据包传输，与节点的通信半径为 1000m 相比，节点的通信半径为 1500m 进行数据传输时有着更大的传输范围，能够接收到该节点发送的报文的节点也会随之增多，使得网络中所有节点消耗的总能量有所增加。

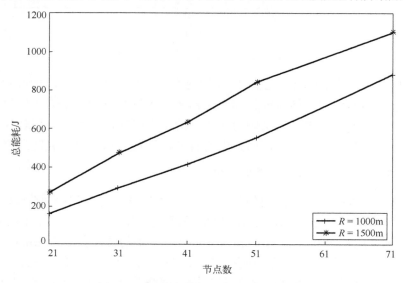

图 6.15　通信半径对网络总能耗的影响

图 6.16 表示最大通信半径对使用 LEER 协议的网络平均端到端延迟的影响。该组仿真实验比较的是不同通信半径随着节点数量的增加，端到端延迟的变化趋势。最大通信半径分别取值为 1000m 和 1500m，其他的仿真参数同表 6.2。从图 6.16 可以看到，节点的通信半径为 1500m 进行数据传输时端到端延迟比节点的通信半径为 1000m 需要的时间要短。这是因为在同样的仿真三维区域内，节点的最大通信半径为 1500m 时数据包从数据源节点到达位于水面的 sink 节点最多需要 2 跳；而节点的最大通信半径为 1000m 时则需要 3 跳。即前者从数据源节点产生数据包开始到 sink 节点接收数据包所需的时间较少。

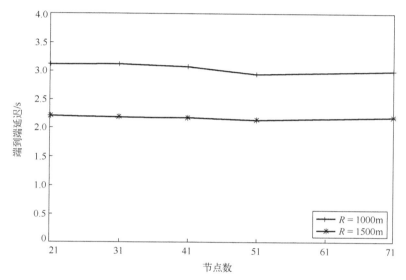

图 6.16　通信半径对端到端延迟的影响

4. 性能对比分析

本小节将通过改变节点数量对 LEER 协议和 DBR 协议进行对比仿真试验，进而依据这些性能指标(如数据包交付率、端到端延迟、单位数据包能耗)进行对比分析。节点数分别设置为 21、31、41、51、71；LEER 协议中预定义的最大延迟是通信半径与水下声速的比值；DBR 协议中深度差门限值 σ 值取值为 $R/2$；其他的仿真参数同表 6.2。

图 6.17 表示在不同节点数下 LEER 协议与 DBR 协议数据包交付率的比较。从图 6.17 可以看到，随着节点数量的增加，数据包的交付率逐渐增加。这是因为随着节点数量的增加，转发节点的数量也会随之增加，则数据包的转发成功率也随之增加，数据包从源节点成功送到 sink 节点交付率也随之增加。从仿真结果可以看出，DBR 协议的交付率随着节点的减少，交付率明显减少，从 70.53% 降到 43.53%。这

是因为 DBR 协议的贪婪模式引起的，节点数量较少时，DBR 协议盲目地往更靠近水面的 sink 节点发送数据包，致使更深度级别可用的节点无法参与数据包的转发，很容易出现路由空洞问题，从而造成很低的交付率。而 LEER 协议随着节点数量的减少，其交付率变化波动不大，在 79.33%到 82.33%之间。这是因为 LEER 协议是采用的分层策略的路由协议，可以避免路由空洞问题，所以具有较为稳定的交付率。因此，与 DBR 协议相比，LEER 协议的交付率性能表现更优。

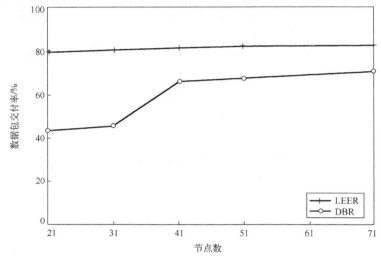

图 6.17　数据包交付率的对比实验

图 6.18 表示在不同节点数下 LEER 协议与 DBR 协议平均端到端延迟的比较。随着网络中节点数的增加，本节提出的 LEER 协议的平均端到端延迟逐渐减少。这是因为随着节点数量的增多，在该仿真环境中的节点密度就相应增大，则转发节点的选择较多，节点间的距离也会缩短，对应的延迟也相应减少。从图 6.18 可以看到，LEER 协议的平均端到端延迟比 DBR 协议的要小。因此 LEER 协议的平均端到端延迟性能表现比 DBR 协议更具有优势。

图 6.19 表示在不同节点数下 LEER 协议与 DBR 协议单位数据包能耗的比较。随着网络中节点数的增加，不管是 LEER 协议还是 DBR 协议的单位数据包能耗曲线都有着增加的趋势。由于 LEER 协议和 DBR 协议都是基于泛洪的方式发送数据报文的，随着节点数量增加，网络中参与数据转发的节点数量随之增加，所以网络中所有节点消耗的总能量也随之增加。随着网络中节点数量的增加，sink 节点成功接收到的数据包数有一定的增多，但相对于网络中所有节点的总能耗的增量而言，其单位数据包能耗依旧在增多。从图 6.19 可以看出，随着节点数量的增加，LEER 协议的单位数据包能耗少于 DBR 协议的单位数据包能耗。因此，与 DBR 协议相比，LEER 协议在能耗方面也是具有一定优势的。

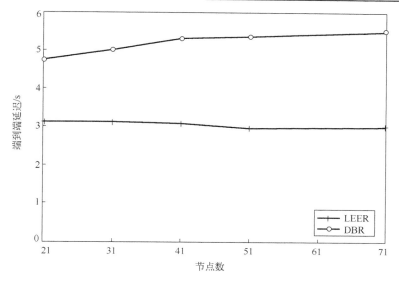

图 6.18　端到端延迟的对比实验

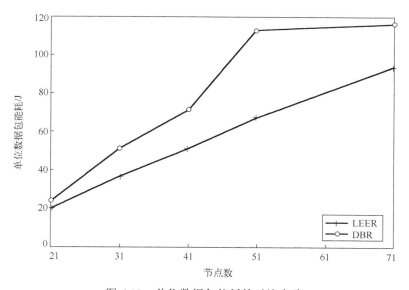

图 6.19　单位数据包能耗的对比实验

本节针对 UASNs 中存在的高能耗、长延迟、路由空洞等问题，提出了基于分层的能量均衡 UASNs 路由（LEER）协议。LEER 协议包括网络初始化阶段和数据传输阶段两个阶段。使用泛洪方式进行数据传输的 LEER 协议属于多径路由，提高了网络的容错性和鲁棒性。接收节点根据层级、剩余能量和一跳延迟三个因素来判断自己是否进行数据转发。层级的考虑限制了同层节点间的传输，限制了冗余包的转发，进而降低网络能量消耗，同时避免了同层循环转发及路由空洞等问题。此外，与基于地理位置信息的路由协议相比，使用 LEER 协议进行路由时不需要节点获取其地理位置信息，不必考虑定位难题；且不需要维护任何地理位置信息，降低了网络开销。为了验证本节提出的 LEER 协议的性能，将 LEER 协议在 NS3 仿真平台上进行了仿真实验，并与 DBR 协议进行了对比实验。仿真结果表明，LEER 协议有效地提高了包交付率，降低了端到端的延迟，在能耗方面也优于 DBR 协议。

6.3　基于连通的水声传感器网络节点路由分层方案

　　UASNs 路由协议通常可基于 sink 节点的数量、是否需要节点地理位置、是否分簇、按需或主动等进行分类。正如前面所提到的，UASNs 具有定向通信特点，上行流量目的地为 sink 节点，下行流量源自 sink 节点，sink 节点是 UASNs 的枢纽。那些靠近 sink 节点的水下节点，除了感知和产生数据之外，还负责中继和转发报文。因此，sink 节点及其附近的节点对整个 UASNs 具有重要的影响。为了表示节点的重要程度，提高数据交付率和传输可靠性，近年来 UASNs 逐渐出现了基于分层的路由机制。本节根据是否采用分层机制，将路由协议分为无层级路由协议和分层路由协议。

　　无层级路由协议是指通信过程中，所有节点均不配置层级，也不将层级作为节点的候选转发资格的条件。无层级的路由协议有 VBF[8]、DBR[9]、PBF(position based forwarding)[10]、ACR(annular compass routing)[11]等。分层路由协议中，一般分为两个阶段：分层阶段和数据转发阶段。分层阶段每个节点根据相应信息和分层算法配置自身的层级。通常来说，越靠近 sink 节点的节点层级越小，数据报文由层级大的节点传输至层级小的节点，转发节点在选择下一跳接收节点时，会将层级作为指标，选择层级比自身层级小 1 的节点作为候选转发节点，逐层将数据传输至 sink 节点。

6.3.1　传统分层方案

　　近几年提出的路由分层方案有基于超级节点配置的分层方案、基于距离或深度的分层方案、基于能量探测的分层方案等。基于超级节点配置的分层方案：水面的超级节点以不同的发送功率广播控制报文，其中包含与功率对应的层级信息、超级节点 ID 等，直到发送功率(层级)达到最大，普通节点根据广播包中的层级信息确定自身的层级[12]。基于距离或深度的分层方案：通过计算 sink 节点与普通节点的距离(或节点深度)和层间距将网络中的节点划分为 N 层[13]。基于能量探测的分层方案：通过广播能量探测包将网络划分为 L 层[14]。基于转发节点传输范围的分层方案：根据网络中转发节点的传输范围将传输区域分为三层[15]。

　　基于超级节点配置分层的方案和基于距离或深度的分层方案均要求 sink 节点或

超级节点不断调整发送功率发送控制报文。这是因为根据水声信号衰减模型，当控制信号的强度在距离较远的接收节点处小于节点的最小接收功率时，节点无法正确接收该报文，此时 sink 节点或超级节点需要以更大的发送功率发送控制报文，从而扩大广播包的传输范围，但发送功率的不断增大会增加额外的能耗。基于超级节点配置分层的方案，水下节点只要收到超级节点发出的广播信息，按照广播包中的层级信息即可确定自身的层级。基于距离或深度的分层方案中，节点根据自身到 sink 节点的距离和层间距计算并更新自身的层级信息。基于能量探测的分层方案中节点根据接收到的广播包中的能量信息更新自身的层级。以上三种分层方案中，水下节点不必转发收到的广播报文，分层方案简单，且分层过程无须消耗普通节点的能量，但对 sink 节点或超级节点的发送功率要求较高，不适用大规模 UASNs 部署。此外，从三种分层方案中可以看出，水下节点的层级配置与到超级节点的距离密切相关，凡超级节点（以大的发送功率）一跳传输范围内的所有水下节点都能获取自身的层级，但该层级与自节点自身到 sink 节点的数据传输方向的连通性和跳数无关，因此容易形成上行路由"通信空区"问题（也称为"空旷区域"或"路由空洞"），降低了该分层方案的上行路由的数据传输的可靠性。

6.3.2　"通信空区"问题

Yan 等提出了一种基于深度的路由协议 DBR。该协议是一种典型的多 sink 节点网络体系结构的路由协议，节点不需要知道自身的全方位位置信息，只需获取自己的深度信息[9]。DBR 是 UASNs 中的典型路由协议，在此基础上，出现了许多改进版本。传统分层路由协议与 DBR 及其众多改进版协议在候选转发节点的选取方面采用类似的机制，因此以 DBR 或传统分层路由为例分析"通信空区"问题。

在 DBR 协议（或传统分层路由）中，当一个节点收到数据包时，将从数据包中查看上一跳节点的深度（或分层）信息，并与自己的深度（或分层）信息作对比，如果自身深度（或分层）小于上一跳节点的深度（或分层），则说明其可以作为转发节点；否则，直接将数据包丢弃。协议中根据深度（或分层）差选择转发节点，因此会出现多个转发节点，即会有冗余数据包产生。

DBR（或传统分层路由）协议根据深度（或分层）信息执行路由转发，在网络稀疏的情况下，会造成"通信空区"，如图 6.20 所示。根据 DBR 协议，源节点 S 将数据发送出去后，节点 F 和节点 N1 将会收到该数据包，但是 N1 的深度（或分层）大于 S，不能作为候选转发节点；只有节点 F 会转发数据，但是在 F 的传输范围内没有比 F 深度（或分层）更小的节点，所以本次数据将无法传输至 sink 节点，形成了"通信空区"，降低了包的交付率和传输可靠性。

在基于分层的路由机制中，数据的流向总是沿着从高层级节点向低层级节点传输，最终将数据传输至 sink 节点。针对 UASNs 传统（分层）路由协议的"通信空区"

问题，如果能够设计出有效的分层算法，给那些与 sink 节点连通的水下节点配置一个有限的层级，将会解决"通信空区"路由问题。如图 6.20 所示，假设源节点 S 的层级为 L，N1 的层级为 $L-1$，则节点 S 可将 N1 作为下一跳接收节点，直接将数据发送给 N1，数据将沿着 N1→N2→N3→N4→N5 传输至 sink 节点，而不会将数据传输至 F，如此，即解决了"通信空区"问题。

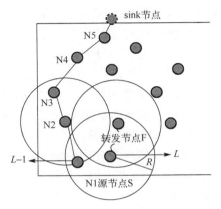

图 6.20　"通信空区"与有效分层问题示意图

6.3.3　基于连通和最小跳数的路由分层

本节分析了基于连通和最小跳数的路由分层方案解决传统分层路由的"通信空区"问题。层级更新过程和代码见 6.1.1 节。

如图 6.21 所示，根据基于连通和最小跳数的路由分层方案，sink 节点的层级为 0，

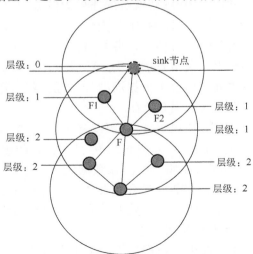

图 6.21　基于连通和最小跳数分层方案

转发节点 F1、F2、F 的层级均为 1，F 收到 F1、F2 转发的控制报文后不再更新自身的层级，即三个转发节点均为 sink 节点的一跳邻居。通信时，数据由高层级节点往低层级自下向上传输。

在基于连通和最小跳数的分层方案中，如果水下节点与 sink 节点连通，无论经过多少跳的转发，总能收到控制报文并确定自身的层级。

基于连通和最小跳数的路由分层解决了"通信空区"问题。当水下节点向 sink 节点转发数据报文时，根据基于连通和最小跳数的路由分层方案，在分层阶段，由于节点层级的更新与上一跳节点的层级有关且每个节点均需转发 Hello 报文，所以在分层阶段已经形成了到达 sink 节点的一条或者多条路径，即水下节点在更新层级后已与 sink 节点连通。只要数据的源节点有一个有效的层级，则数据在转发的每一跳都会找到至少一个上层的邻居节点，因此数据不会被路由到"通信空区"，不会出现路由"通信空区"问题。如图 6.22 所示，图中 L_1 表示层级 1，L_2 表示层级 2，N8 表示节点 8，N8 的层级与 N12 层级均为 L_5，源节点 N19 发出的数据传输至节点 N12 时，N12 不会将数据传输至 N8，数据将沿着 N12→N10→N7→N4→N1→sink 节点的路径，成功将数据传输至 sink 节点。因此采用基于连通和最小跳数的路由分层方案成功避免了传统分层（路由）节点 N8 的路由"通信空区"问题。

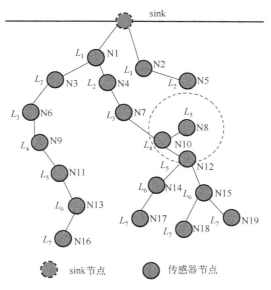

图 6.22　路由"通信空区"避免

6.3.4　能耗模型

UASNs 能量供应受限且通信能耗大，节能是 UASNs 设计的重要目标。UASNs

中除岸上基站中心外，普通节点处于水中且采用电池供电，一旦电量耗尽难以充电或更换。UASNs 通信中能量的消耗主要体现在发送数据和接收数据等通信状态。2000 年 Sozer 等提出了 UASNs 中的能耗衰减模型[16]。

假设 P_r（常量）是网络中节点的接收功率，则网络中节点的发送功率为 $P_r A(d)$，$A(d)$ 为衰减因子。

$$A(d) = d^k \partial^d \tag{6.11}$$

其中，d 为两个节点间的通信距离，k 是能量扩散因子，其取值由环境决定，圆柱体中取 $k=1$，长方体中是 $k=1.5$，球体中是 $k=2$，从吸收系数 $\alpha(f)$ 中得到的相关项为

$$\partial(f) = 10^{\alpha(f)/10} \tag{6.12}$$

$$\alpha(f) = 0.11 \frac{f^2}{1+f^2} + 44 \frac{f^2}{4100+f^2} + 2.75 \times 10^{-4} f^2 + 0.003 \tag{6.13}$$

假设一次 UASNs 通信中，发送节点与下一跳接收节点之间的距离（由发送节点在转发之前计算自身至下一跳接收节点的距离）为 r，则一跳转发中消耗的能量为

$$E = P_s T_p = P_r T_p A(r) \tag{6.14}$$

其中，P_s 为发送功率，$P_s = P_r A(r)$，T_p 是源节点或转发节点发送一个数据包的传输时延，P_r 为接收功率。

根据上述能耗衰减模型，数据传输中的能量消耗与传输距离有关，长距离传输会导致能量损耗较大，因此采用基于连通和最小跳数的路由分层方案转发节点 F 的能量损耗较快，其寿命会缩短，进而缩短了网络的整体寿命。

6.3.5　基于连通的节能路由分层方案

在基于连通和最小跳数的路由分层方案中，sink 节点的层级为 0，转发节点 F1、F2、F 的层级均为 1，F 收到 F1、F2 转发的控制报文后也不再更新自身的层级，也即三个转发节点均为 sink 节点的一跳邻居。当 F 收到来自于第二层节点的数据后，会直接将数据传输至 sink 节点，根据 6.3.4 节的能耗衰减模型，数据传输中的能量消耗与传输距离有关，长距离传输会导致能量损耗较大，因此转发节点 F 的能量损耗较快，其寿命会缩短，进而缩短了网络的整体寿命。

为了减小能量消耗，延长网络生存期，本节对 6.3.3 节的分层方案进一步优化，提出一种基于连通的节能路由分层方案。

sink 节点定期向网络泛洪包含其 ID、层级（被 sink 节点初始化为 0）和地理位置等信息的 Hello 报文。节点收到控制报文后，按以下步骤更新层级。

步骤 1：提取报文头部发送节点的层级字段 L_Snd，判断层级老化时间是否已

到，若老化时间已到，则自身层级 L_Rec 更新为 L_Snd + 1，并立即转发更新后的控制报文；否则，执行步骤 2；

步骤 2：判断发送者层级 L_Snd 是否大于 L_Rec，若 L_Snd > L_Rec，说明报文来自下游节点，L_Rec 保持不变；否则，执行步骤 3；

步骤 3：判断 L_Rec 是否等于 255，若是，则 L_Rec = L_Snd + 1；否则，执行步骤 4；

步骤 4：判断 L_Rec 是否等于 L_Snd，若不是，则执行步骤 6；否则，计算当前节点与当前发送节点和上一次更新层级时发送节点的距离 D_c、D_p 和夹角 a，执行步骤 5；

步骤 5：判断 a 的大小、D_c 和 D_p 的关系，若 $a < 30°$（a 阈值的得出在 6.3.6 节中给出）且 $D_c < D_p$，则 L_Rec = L_Snd + 1，否则，L_Rec 保持不变。

步骤 6：判断 L_Snd 是否等于 L_Rec − 1，若是，则更新层级老化时间；否则，执行步骤 7；

步骤 7：判断 L_Snd 是否等于 L_Rec − 2，若不是，则执行步骤 9；否则，计算当前节点与当前发送节点和上一次更新层级时发送节点的距离 D_c、D_p 和夹角 a，执行步骤 8；

步骤 8：判断 a 的大小、D_c 和 D_p 的关系，若 $a < 30°$ 且 $D_c > D_p$，则 L_Rec 保持不变；否则，L_Rec = L_Snd + 1。

步骤 9：判断 L_Snd 是否小于 L_Rec − 2，若是，L_Rec 保持不变；否则，层级保持不变。

如图 6.23 所示，网络初始化完成后，sink 节点周期性广播 Hello 报文后，转发节点 F1、F2、F 均将首次收到 Hello 报文，提取 Hello 报文头部 sink 节点的层级 0，将自身的层级更新为 1，将 Hello 报文进行更新并立即转发。转发节点 F 将会收到 F1、F2 转发的 Hello 报文（由于转发节点 F1、F2 的层级均是 1，下面将不再区分收到由转发节点 F1、F2 转发 Hello 报文的先后顺序），由于转发节点 F、F1 和 F2 的层

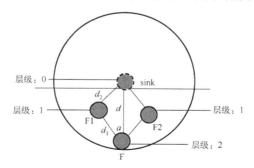

图 6.23　基于连通的节能分层方案拓扑

级均为 1，发送节点的层级大于当前节点层级的条件不成立，所以，转发节点 F 将计算自身到 sink 节点的距离和自身到转发节点 F1、F2 的距离并计算两者之间的夹角 a，从图 6.23 可以看出，转发节点 F 到 F1、F2 的距离较近且夹角 a 较小，因此，转发节点 F 将提取 Hello 报文头部 F1、F2 的层级 1，加 1 后作为自身的层级。

　　基于连通的节能路由分层方案继承了基于最小跳数的路由分层方案的优势，通过 Hello 报文在整个网络的泛洪，形成水下节点到 sink 节点的有效路径，在数据传输时，转发节点总能找到有效的下一跳转发节点，解决了"通信空区"问题。基于连通的节能分层方案也有其自身的优点，通信中，转发节点 F 收到数据后，先将数据转发至 F1 或 F2，再转发至 sink 节点，构成了两跳传输，由于转发节点 F 到 F1 或 F2 的距离较近，转发节点 F 消耗的能量小于其直接将数据转发至 sink 节点的能量，即使 F1 或 F2 有能量消耗，但在一定条件下，两跳转发消耗的能量仍然会小于直接将数据传输至 sink 节点消耗的能量。如果采用基于最小跳数的分层方案，转发节点 F 收到数据后，会直接将数据转发至 sink 节点，一跳传输消耗的能量可能大于两跳传输消耗的能量。

　　6.3.6 节中将利用能耗模型和 MATLAB 仿真对基于最小跳数和基于连通节能的两种路由分层方案的能量消耗进行分析。

6.3.6　能耗分析

　　本节以图 6.23 拓扑为例，利用能耗模型对基于最小跳数的路由分层方案与基于连通的节能路由分层方案进行对比分析。

　　假设转发节点 F 至 sink 节点的距离是 d，转发节点 F 至 F1、F1 至 sink 节点的距离分别是 d_1、d_2；数据由转发节点 F 直接转发至 sink 节点消耗的能量为 E，由转发节点 F 转发至 F1 或 F2 再转发至 sink 节点消耗的能量为 E'，则根据式 (6.14) 得

$$E = P_S T_p = P_r T_p A(d) \tag{6.15}$$

$$E' = P_S T_p = P_r T_p A(d_1) + P_r T_p N A(d_2) \tag{6.16}$$

其中，$A(d) = d^k \partial^d$，$P_S = P_r A(d)$，$k = 1.5$。传输时延 T_p 相同、所有节点的接收功率 P_r 均一致，因此，E 和 E' 的计算公式如下

$$E = d^{1.5} \times \partial^d \tag{6.17}$$

$$E' = E_1 + E_2 = d_1^{1.5} \times \partial^{d_1} + d_2^{1.5} \times \partial^{d_2} \tag{6.18}$$

　　假设 d_1 与 d 之间的夹角是 a，则根据余弦定理即得

$$d_2 = \sqrt{d^2 + d_1^2 - 2d_1 d \cos a} \tag{6.19}$$

当 $a = 0°$ 时，则

$$E' = d_1^{1.5} \times \partial^{d_1} + (d - d_1)^{1.5} \times \partial^{(d - d_1)} \tag{6.20}$$

用 MATLAB 仿真比较分析了 E 和 E' 的大小关系，将 E 和 E' 称为相对能耗，仿真中，假设 d 的取值范围是 $(0,5)$，单位为 km，d_1 在 d 的取值范围内取值，取值分别为 $\frac{d}{20}$、$\frac{d}{10}$、$\frac{d}{5}$、$\frac{d}{4}$、$\frac{d}{3}$、$\frac{d}{2}$、$\frac{2d}{3}$、$\frac{3d}{4}$、$\frac{4d}{5}$、$\frac{5d}{6}$，a 的角度在 $(0°, 90°)$ 范围内变化，信道的中心频率为 10kHz，仿真结果如图 6.24 所示。

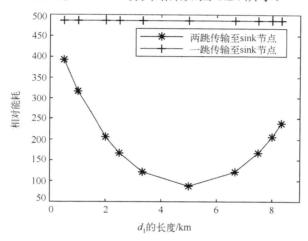

图 6.24 $a = 0°$，$d = 10$ 时，d_1 与相对能耗的关系

如图 6.24 所示，当 $a = 0°$，$d = 10$ 时，可以看到，一跳传输至 sink 节点的相对能耗保持不变，但是，随着 d_1 的逐渐增大，两跳传输至 sink 节点的相对能耗逐渐减小。当 $d_1 = d_2 = d / 2$ 时，两跳传输至 sink 节点的相对能耗达到最小值；由于 $a = 0°$，$d = 10$ 且 d_1 的值一直小于 d，一跳传输至 sink 节点的相对能耗总大于两跳传输至 sink 节点的相对能耗。

如图 6.24～图 6.29 所示，当 a 逐渐增大时，通过两跳传输至 sink 节点的相对能耗逐渐大于通过一跳传输至 sink 节点的相对能耗。当 $a = 90°$ 时，d_1 的长度大于 d，因此，通过两跳传输至 sink 节点的相对能耗完全大于通过一跳传输至 sink 节点的相对能耗。

综合图 6.24～图 6.29，当 $d_1 > d$ 时，通过两跳传输至 sink 节点的相对能耗大于通过一跳传输至 sink 节点的相对能耗；当 $d_1 < d$ 时，通过两跳传输至 sink 节点的相对能耗小于通过一跳传输至 sink 节点的相对能耗；且当 $d_1 = d / 2$ 时，通过两跳传输至 sink 节点的相对能耗达到最小值。

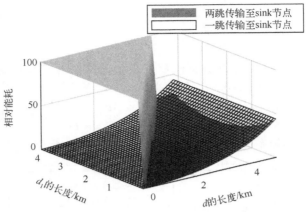

图 6.25　$a=0°$，d、d_1 与相对能耗的关系

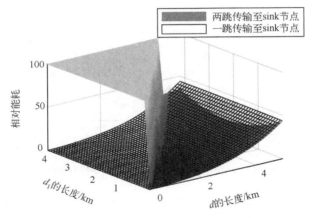

图 6.26　$a=30°$，d、d_1 与相对能耗的关系

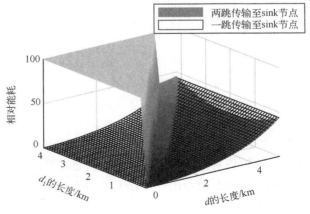

图 6.27　$a=45°$，d、d_1 与相对能耗的关系

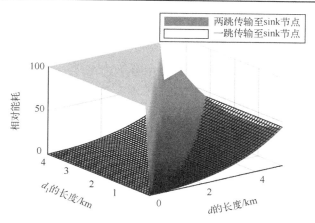

图 6.28　$a = 60°$，d、d_1 与相对能耗的关系

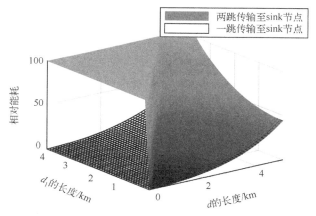

图 6.29　$a = 90°$，d、d_1 与相对能耗的关系

综合模型数学分析和 MATLAB 仿真分析的结果，当 $d_1 < d$ 且 $a \leqslant 30°$ 时，通过两跳传输至 sink 节点的相对能耗小于通过一跳传输至 sink 节点的相对能耗，因此，数据转发时采用基于连通的节能路由分层方案传输，有效减少了节点的能量消耗，从而提高了整个网络的寿命。

6.3.7　仿真实验

本节将用 NS3 仿真工具对分层方案进行性能评估[17]。仿真中，利用 LB-AGR 协议，分别采用基于最小跳数的路由分层方案和基于连通的节能路由分层方案进行路由传输仿真实验，并从数据包交付率、端到端的平均延时和平均能耗三个方面进行了对比分析，此外，还增加了和 LEER 协议的对比实验。实验场景设置如下：15～45 个传感器节点随机部署在 6000m×6000m×3000m 的长方体中，将一个 sink 节点部署在水面(长方体上表面中心)，一个源节点部署在水底(长方体下表面中心)，实验中的其他实验仿真参数如表 6.3 所示。

表 6.3　仿真参数表

参数	取值
水中声音传播速度/(m/s)	1500
发包间隔/s	50
Hello 包间隔/s	40
数据包大小/B	140
仿真时间/s	1000
节点初始化能量/J	1000
带宽/(Kbit/s)	10
源节点位置	(0,0,3000)
sink 节点位置	(0,0,0)
每组参数仿真组数/组	20

本节进行性能评估指标的定义如下。

包交付率(PDR)：sink 节点成功接收的数据包数量与源节点发送的数据包数量之比，计算公式如下

$$\text{PDR} = \frac{\sum_{1}^{n} \frac{P_{\text{rece}}}{P_{\text{send}}}}{n} \tag{6.21}$$

其中，n 是仿真实验的次数，P_{send} 是源节点产生发送的数据包的数量，P_{rece} 为 sink 节点成功接收的数据包的数量。

平均能耗(average energy consumption，AEC)：一次仿真实验中网络的总能耗与 sink 节点成功接收的数据包数量之比，计算公式如下

$$\text{AEC} = \frac{E_{\text{total}}}{P_{\text{success}}} \tag{6.22}$$

其中，E_{total} 表示网络的总能耗；P_{success} 表示 sink 节点成功接收的数据包的数量。

平均端到端的延时(average end-to-end delay，AEED)：在一次仿真实验中，sink 节点成功接收数据包的时刻与源节点发送数据时刻的差的总和与传输数据包次数的比值，计算公式如下

$$\text{AEED} = \frac{\sum_{1}^{N_{\text{trans}}} (T_{\text{sink}} - T_{\text{source}})}{N_{\text{trans}}} \tag{6.23}$$

其中， N_{trans} 是一次仿真实验中传输数据包的次数， T_{sink} 和 T_{source} 分别是 sink 节点成功接收数据包的时刻和源节点发送数据的时刻。

实验中，分别仿真测试了节点个数与数据包交付率、平均能耗和网络的平均端到端延时的关系，数据关系图分别如图 6.30～图 6.32 所示。

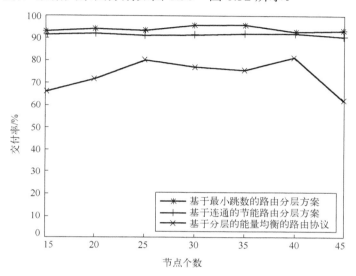

图 6.30　节点个数与交付率

如图 6.30 所示，随着节点数量的逐渐增多，两种分层方案的数据包交付率均保持在 90%以上。基于连通的节能路由分层方案的数据包交付率略低于基于最小跳数的路由分层方案，但是，交付率差值均保持在 1%～3%。同时，LEER 协议属于泛洪的路由协议，随着节点数的增加，会提高数据包的交付率，但同时会造成冲突，所以，交付率低于利用了两种路由分层方案的交付率。

如图 6.31 所示，随着部署的节点数量的增多，由于基于连通的节能路由分层方案实现了短距离多跳传输，因此，它的平均能耗明显小于基于最小跳数的路由分层方案的平均能耗。LB-ARG 协议在数据转发前已确定了最佳下一跳转发节点，每一跳参与数据转发的节点只有一个，且只有最佳下一跳转发节点接收数据包；然而，LEER 协议属于泛洪的路由协议，随着节点数的增加，参与接收数据包的节点会增多，因此，提出的两种路由分层方案的平均能耗低于 LEER 协议。

如图 6.32 所示，随着部署的节点数量的增多，两种路由分层方案的平均端到端的延时基本保持不变，然而，由于基于连通的节能路由分层方案中传输跳数的增加，其平均端到端的延时稍大于基于最小跳数的路由分层方案的平均端到端的延时。同时，可以看出，采用两种路由分层方案的路由协议的端到端的平均延时低于 LEER 协议。

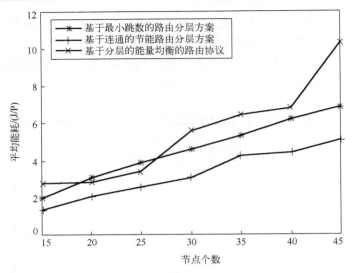

图 6.31　节点个数和平均能耗

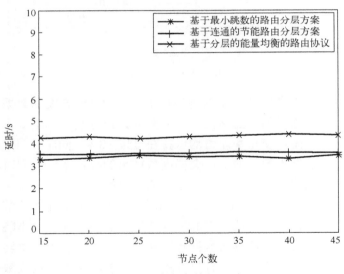

图 6.32　节点个数与延时

　　基于连通的节能路由分层方案中，为了均衡 sink 节点附近的节点的能量消耗，其附近节点的层级大于 sink 节点，可以实现多跳传输且其单跳传输的距离较短，通信中，可以利用较小的发送功率，因此附近节点的能量会有效减少。同时，水下其他节点根据距离确定层级，层与层之间的距离可以缩短，即可以实现短距离多跳传输。综合图 6.30～图 6.32，虽然基于连通的节能路由分层方案的延时稍有增加，但是其数据包交付率基本与基于最小跳数的路由分层方案的交付率保持一致且其能耗有效减少。因此，基于连通的节能路由分层方案的性能优于基于最小跳数的路由分层方案。

本节提出了一种基于连通的水下节点路由分层方案：基于连通的节能路由分层方案，实现了分层多跳传输，通过数学模型、MATLAB 分析了基于连通的节能路由分层方案传输的优势，并用 NS3 仿真对比分析了两种基于连通的路由分层方案，实验结果表明：①基于连通的节能路由分层方案能够有效节省能耗，从而能够提高网络的整体寿命；②两种基于连通的路由分层方案可以有效解决"通信空区"问题；③本节提出的节点路由分层方案可以及时更新层级、实现短距离多跳传输，交付率较高且平均能耗低于 LEER 协议。

UASNs 的应用环境为水中，能量供应困难，因此设计合适的传输机制至关重要，基于连通的节能路由分层方案虽然在交付率和能耗方面有很大优势，但在减小延时方面仍然存在不足，下一步的工作将全面考虑，提出性能更加优越的路由分层方案。

参 考 文 献

[1] Sharif-Yazd M, Khosravi M, Moghimi M K. A survey on underwater acoustic sensor networks: perspectives on protocol design for signaling, MAC and routing[J]. Journal of Computer and Communications, 2017, 5(5): 12-23.

[2] Nakas C, Kandris D, Visvardis G. Energy efficient routing in wireless sensor networks: a comprehensive survey[J]. Algorithms, 2020, 13(3): 1-65.

[3] Luo J, Chen Y, Wu M, et al. A survey of routing protocols for underwater wireless sensor networks[J]. IEEE Communications Surveys and Tutorials, 2021, 23(1): 137-160.

[4] Li C, Gong Z, Su R, et al. An adaptive asynchronous wake-up scheme for underwater acoustic sensor networks using deep reinforcement learning[J]. IEEE Transactions on Vehicular Technology, 2021, 70(2): 1851-1865.

[5] Ahmad A, Ahmed S, Imran M, et al. On energy efficiency in underwater wireless sensor networks with cooperative routing[J]. Annals of Telecommunications, 2017, 72(3): 173-188.

[6] Zhang Y, Zhang Z, Chen L, et al. Reinforcement learning-based opportunistic routing protocol for underwater acoustic sensor networks[J]. IEEE Transactions on Vehicular Technology, 2021, 70(3): 2756-2770.

[7] 马正宇. 基于跳数和剩余电量的水声机会路由协议[D]. 广州: 华南理工大学, 2018.

[8] Xie P, Cui J H, Lao L. VBF: vector-based forwarding protocol for underwater sensor networks[C]//International IFIP-TC6 Conference on Networking Technologies, 2006, 3976: 1216-1221.

[9] Yan H, Shi Z J, Cui J H. DBR: depth-based routing for underwater sensor networks[C]//

International IFIP-TC6 Networking Conference, Singapore, 2008.

[10] 孙桂芝, 黄耀群. 基于位置信息的水声传感器网络路由协议[J]. 声学技术, 2007, 26(4): 597-601.

[11] 刘婷. 一种基于位置信息的路由协议 ACR[J]. 智能机器人, 2011, (2): 70-72.

[12] Wahid A, Lee S, Kim D, et al. MRP: a localization-free multi-layered routing protocol for underwater wireless sensor networks[J]. Wireless Personal Communications, 2014, 77(4): 2997-3012.

[13] 胡珊. 水声传感器网络分簇路由优化研究[D]. 武汉: 中南民族大学, 2018.

[14] Gopi S, Govindan K, Chander D, et al. E-PULRP: energy optimized path unaware layered routing protocol for underwater sensor networks[J]. IEEE Transactions on Wireless Communications, 2010, 9(11): 3391-3401.

[15] Khasawneh A M, Kaiwartya O, Abualigah L M, et al. Green computing in underwater wireless sensor networks pressure centric energy modeling[J]. IEEE Systems Journal, 2020, 14(4): 4735-4745.

[16] Sozer E M, Stojanovic M, Proakis J G. Underwater acoustic networks[J]. IEEE Journal of Oceanic Engineering, 2000, 25(1): 72-83.

[17] 马春光, 姚建盛. NS-3 网络模拟器基础与应用[M]. 北京: 人民邮电出版社, 2014.

第7章 基于状态的 MAC 协议

7.1 基于状态着色的水声传感器网络 SC-MAC 协议

媒体访问控制(MAC)是 UASNs 的核心技术之一，主要负责调配信道资源，避免数据传输过程中产生冲突[1]。UASNs 具有高延时、低带宽、高误码率、能量有限、多径效应和拓扑移动的特性，因此现有的陆地无线传感器网络中的 MAC 协议不能直接应用在 UASNs 中[2,3]。设计适用于 UASNs 的有效的 MAC 协议对提高水声传感器网络的性能极其重要。

7.1.1 水声传感器网络 MAC 协议设计面临的挑战

1. 时空不确定性

在陆地无线传感器网络中，传播延时可以忽略，因此只要不同时间传输数据就可以避免冲突发生。然而，在 UASNs 中，由于水声信道的长传播延时，节点位置和发送时间都必须考虑。时空不确定性问题可以定义为二维不确定性。接收节点上的冲突取决于传输延时和传播延时，也就是在传输延时和传感器节点的位置之间变化的二元性[4,5]。由于传感器节点之间的距离的不确定性，即使没有其他节点同时发送，数据帧也可能发生冲突。

在图 7.1(a)中，节点 A 和节点 C 同时向节点 B 发送数据帧。节点 A 和节点 C 与接收节点 B 的距离不同导致传播延时不同，节点 B 在不同的时间收到节点 A 和节点 C 传输的数据帧，因此没有产生冲突。在图 7.1(b)中，节点 A 比节点 C 更早

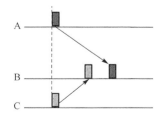
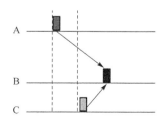

(a) 同时发送数据帧，在B处没有碰撞   (b) 不同时发送数据帧，在B处有碰撞

图 7.1 时空不确定性

发送数据帧。由于节点 C 比节点 A 距离接收节点 B 更近，传播延时更小，所以节点 A 和节点 C 同时到达接收节点 B 而发生冲突。

2. 远近效应问题

由于 UASNs 独特的特性，解决远近效应问题使得采用严格功率控制技术的传统方法无法适用于 UASNs 半双工的通信模式，所以远近效应成为设计水声传感器网络 MAC 协议的挑战之一。远近效应是指接收节点同时接收来自两个距离不相同的发送节点的数据帧时，距离接收节点较近的发送节点信号较强，距离接收节点较远的发送节点信号较弱，距离接收节点较近的发送节点的强信号会对距离接收节点较远的发送节点的弱信号产生严重的干扰[6]。如图 7.2 所示，节点 B 和节点 C 向节点 A 发送数据帧，节点 A 与节点 B 的距离为 d_1，节点 A 与节点 C 的距离为 d_2，d_2 大于 d_1。若节点 B 和节点 C 都有同样的发射功率，节点 A 接收到节点 B 的信号强度更大，来自节点 B 的强信号会对来自节点 C 的弱信号产生干扰，接收节点 A 从不同的发送节点接收到信号的信噪比不同。

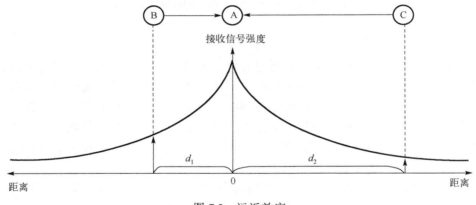

图 7.2　远近效应

3. 隐藏终端

隐藏终端是两个互相隐藏的节点向同一个接收节点发送数据帧，在该接收节点处发生冲突[6-8]。如图 7.3 所示，节点 B 对于节点 A 与节点 C 都是可见的，但是节点 A 与节点 C 互相不可见。节点 A 和节点 C 向节点 B 发送的数据帧可能会在节点 B 处发生冲突。隐藏终端会使得 UASNs 中产生大量的冲突，并降低吞吐量，提高能量消耗。

4. 暴露终端

暴露终端是由于一个节点侦听到另一个数据传输，而推迟该节点数据传输，此时产生暴露终端的问题[6,7]。如图 7.3 所示，节点 D 和 E 在彼此的传输范围内，节点 C 和节点 E 不在彼此的传输范围内，节点 D 和节点 F 不在彼此的传输范围内。当节点 D 给节点 C 传输数据时，节点 E 想要启动给节点 F 的数据传输，节点 E 会侦听信道，节点 E 侦听到来自节点 D 的数据帧，认为信道被占用而延迟向节点 F 的数据传输。然而节点 D 向节点 C 的数据传输并不会干扰节点 E 向节点 F 的数据传输。在带宽有限的 UASNs 中暴露终端会降低信道利用率和吞吐量。

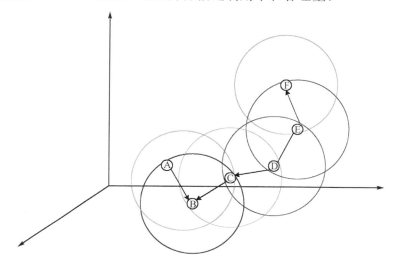

图 7.3　A 与 C 互为隐藏终端，C 与 F 互为暴露终端

7.1.2　基于状态着色的水声传感器网络 SC-MAC 协议

在 UASNs 中的 MAC 协议主要采用 RTS/CTS 机制，然而 RTS/CTS 控制包不仅限制了并发传输的可能性进而降低了信道利用率和吞吐量，而且造成信道资源分配不公平。为了提高吞吐量、信道利用率和公平性，本节提出了一种基于状态着色的水声网络 MAC 协议(state Coloring based MAC，SC-MAC)。在 SC-MAC 协议中，每个节点根据自身一跳邻居表构建本地分层图，通过侦听数据帧或 ACK 帧获知邻居节点状态来为本地分层图中的节点着色，并根据本地分层着色图调度包的发送，减少数据帧的碰撞与重传。SC-MAC 协议在避免冲突的前提下实现了并行传输。同时，给出基于公平性的退避方案以提高 SC-MAC 协议的公平性。

1.　网络模型

本节考虑的是如图 7.4 所示的三维水声传感器网络模型。该模型由水面上的 sink 节点和分布在水下的传感器节点(简称水下节点)构成，其中根据水下节点距离 sink 节点的跳数将网络中水下节点分成不同的层级。水下的数据传输具有方向性(自下而上），也就是说，从水下节点感知环境参数等信息一直传输给水面上的 sink 节点。sink 节点收集水下节点采集的水下数据，并通过无线射频信号发送到岸上的基站；水下节点采集水中环境数据后，以一跳或多跳的方式将采集到的环境数据转发到水面上的 sink 节点。为了更好地研究 UASNs 的 MAC 问题，本节基于以下假设：

（1）除了 sink 节点，其他水下节点具有相同的功能和参数（如初始能量、固定的发射功率、传输半径等）；

（2）所有水下节点随机均匀地部署在规定范围的三维区域内。

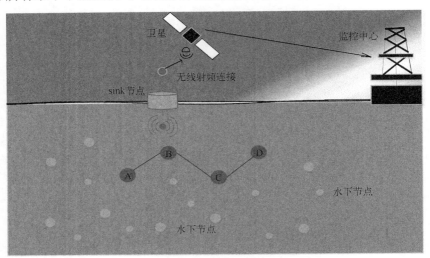

图 7.4　三维水声传感器网络模型

2. 构建本地分层着色图

在网络初始化阶段，水下节点通过接收的 Hello 消息获取一跳邻居表和层级信息。在 UASNs 中，每个水下节点维护一个邻居表，记录一跳邻居节点的信息，如节点 ID、层、层级老化时间、状态和位置等。邻居的信息可以从初始化阶段 sink 节点广播的 Hello 消息中获取，也可以根据之后听到的数据帧或者 ACK 确认帧来更新邻居表信息。

为了更好地阐述 SC-MAC 协议的机制，本节中将描述 SC-MAC 协议所使用的参数解释说明，如表 7.1 所示。

表 7.1　SC-MAC 协议中的符号

参数符号	含义
V_i	节点 i
V^i	节点 i 的本地分层图中的节点集

续表

参数符号	含义
E^i	节点 i 的本地分层图中的节点 i 与邻居节点共享边集
G^i	节点 i 的本地分层着色图
T_{ACK}	ACK 包的传输延时
T_{DATA}	DATA 包的传输延时
T_{max}	最大传播延时
N_{access}	成功通信次数
N_{requ}	请求通信次数
D_{SR}	接收节点与发送节点的距离

网络拓扑中的节点附带层级信息后得到分层的网络拓扑图，如图 7.5 所示。在 SC-MAC 协议中，每个水下节点可根据邻居表信息构建本地邻居表，如表 7.2 所示。节点基于本地邻居表构建本地分层拓扑图。具体过程如下：如图 7.6 所示，节点 8 根据一跳邻居表(表 7.2)构建本地分层拓扑图，本地分层拓扑图中的节点集包含节点 4、节点 7、节点 8、节点 13 和节点 14，即 $V^8 = \{4,7,8,13,14\}$。如果这两个节点是一跳邻居，则两个节点共享同一条边，因此 $E^8 = \{e(V_4, V_8), e(V_7, V_8), e(V_{13}, V_8), e(V_{14}, V_8)\}$。由于每个

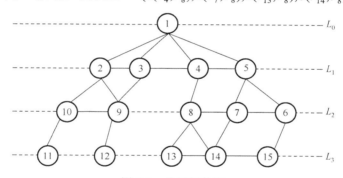

图 7.5　分层拓扑图

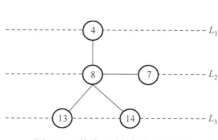

图 7.6　节点 8 的本地分层图

节点只会和本层或者上下层的节点成为一跳邻居，所以 sink 节点和最底层的传感器节点的本地分层拓扑图中，层级数 n 为 2（n=2），其余节点的本地分层拓扑图中 n 都为 3（n=3），则节点 8 的本地分层图可表示为 $G^8 = (V^8, E^8, n^8)$。

表 7.2　节点 8 邻居信息表

节点 ID	层级	层级老化时间	状态	颜色	位置
ID4	1	…	0（sending）	yellow	$\{x_4, y_4, z_4\}$
ID7	2	…	3（sending avoidance）	green	$\{x_7, y_7, z_7\}$
ID13	3	…	1（receiving）	red	$\{x_{13}, y_{13}, z_{13}\}$
ID14	3	…	2（unknown）	green	$\{x_{14}, y_{14}, z_{14}\}$

SC-MAC 协议的通信过程如图 7.7 所示，节点 B 是发送节点，节点 C 是接收节点，节点 A、节点 D 分别为节点 B 与节点 C 的一跳邻居节点。当节点 B 抢占信道时，节点 B 通过尝试发送第一个试探数据帧抢占信道，第一个数据帧里有一个标识告诉节点 C 在本次信道占用期间还有多个数据帧要传输。当节点 C 收到第一个试探数据帧时，向节点 B 发送 ACK 帧，表示传输顺利无冲突。节点 B 收到来自接收节点的 ACK 帧后，开始传输包链中剩余的其他数据帧，当节点 B 收到最后一个数据帧，回复一个 ACK 帧，确认本次传输的包链中那些被正确接收的数据帧。发送节点根据 ACK 帧判断是否重传部分数据帧。SC-MAC 协议中，ACK 帧对第一帧数据帧进行确认是为了判断是否成功抢占信道，ACK 帧对包链中的其余数据帧进行确认是为了判断是否需要重发丢失或出错的数据帧。

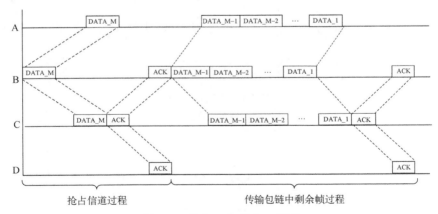

图 7.7　节点 B 与节点 C 通信

在半双工通信的 UASNs 中，需要一种机制来避免发送节点即将进行的数据传输干扰其邻居节点接收其他节点的数据帧。为了解决这种干扰，SC-MAC 协议通过侦听信道中的数据帧或 ACK 帧判断邻居节点状态，根据邻居节点状态为本地分层图中的节点着色，所着颜色分为以下三种颜色。

（1）绿色表示该邻居节点状态未知或处于发送避免状态，发送节点可以尝试给该邻居节点发送第一帧试探数据帧。在网络初始化完成后数据传输开始前，节点将邻居表中邻居节点的状态初始化为未知状态；为了保证节点使用信道的公平性，当节点数据传输结束或一次抢占信道成功后，传输的数据帧数达到最大值，按照协议规则节点要进入发送避免状态。

（2）黄色表示邻居节点处于发送状态，若给正处于发送状态的邻居节点传输数据，则会在该邻居节点处产生收-发冲突。当发送节点发送包链中的非最后一帧时，发送节点的邻居节点也侦听到来自发送节点的 xDATA（xDATA 表示本节点侦听到了 DATA 帧，但该帧的目的节点不是本节点），此时发送节点的邻居节点认为发送节点处于发送状态。

（3）红色表示邻居节点正在接收来自其他节点的数据，此时若当前节点给该邻居节点发送数据，则会在该邻居节点处产生收-收冲突。当接收节点发送回应第一帧试探数据帧的 ACK 帧时，进入接收状态。此时接收节点的邻居也会听到 xACK 帧（xACK 表示本节点侦听到了 ACK 帧，但该帧的目的节点不是本节点），此时接收节点的邻居节点认为接收节点处于接收状态。

网络初始化完成后，在开始传输数据之前，节点将邻居表中邻居节点的状态初始化为未知状态。以节点 8 为例，网络初始化后节点 8 的本地分层图中所有的节点的颜色都为绿色（图 7.8(a)）。若节点 4 向其他邻居节点（除节点 8 以外的邻居节点）发送数据帧，节点 4 尝试发送第一帧试探数据帧后，节点 8 侦听到来自节点 4 的 xDATA，将本地分层图中的节点 4 的颜色由绿色变为黄色（图 7.8(b)）。若节点 13 接收到一个来自其他邻居节点（除节点 8 以外的邻居节点）的数据帧后，会回复一个 ACK 帧；节点 8 会听到来自节点 13 的 xACK 帧，将本地分层图中的节点 13 的颜色由绿色变为红色（图 7.8(c)）。节点 8 通过不断侦听信道中的数据帧和 ACK 帧来确定邻居节点的状态，进而实时地给节点 8 的本地的分层图 G^8 着色，最后得到节点 8 的本地分层着色图 $G^8 = \{V^8, E^8, n^8\}$。

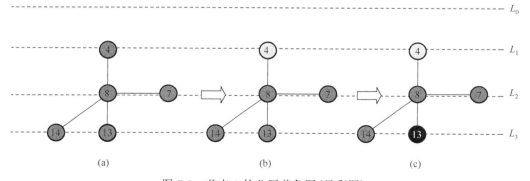

图 7.8　节点 8 的分层着色图（见彩图）

3. 数据传输

由于节点的状态是不断改变的，节点根据侦听到的数据帧或者 ACK 帧实时地改变自己的本地分层着色图。节点基于本地分层着色图进行数据传输。若节点 B 向节点 C 发送数据，需要满足以下两个条件：

(1) 节点 B 没有红色的邻居节点；

(2) 节点 C 的颜色为绿色。

满足这两个条件后，节点 B 与节点 C 的通信过程如图 7.9 所示。假设以包链的形式传输数据，一次数据传输最多发送 M 个数据帧。首先节点 B 向节点 C 尝试发送第一个试探数据帧 DATA_M，并要求节点 C 对该帧执行确认，节点 B 的邻居节点也会听到 xDATA_M，此时节点 B 的邻居节点认为节点 B 处于发送状态并将本地分层着色图中节点 B 的颜色变为黄色；节点 C 收到 DATA_M，给节点 B 回复 ACK 帧，节点 C 的邻居节点听到 xACK 帧，此时节点 C 的邻居节点认为节点 C 处于接收状态并将本地分层着色图中节点 C 的颜色变为红色；节点 B 收到 ACK 帧后，依次向节点 C 传输包链中剩余的 $M-1$ 个数据帧，直至发送最后一个数据帧 DATA_1，并要求节点 C 对该 $M-1$ 个数据帧执行确认。节点 C 收到 DATA_1 后，向节点 B 回复 ACK 帧，ACK 帧会告诉节点 B 传输的 $M-1$ 个数据帧是否成功传输。若传输成功，节点 C 的邻居节点听到 xACK 帧认为节点 C 处于发送避免状态，将本地分层着色图中节点 C 的颜色变为绿色；若传输失败，节点 B 需要立即重传出错的数据帧，节点 C 的邻居节点的本地分层着色图中节点 C 的颜色不变，直到听到新的 xACK 帧并且所有数据帧完全成功传输，节点 C 颜色变为绿色。节点 B 的邻居节点(节点 A)在侦听到节点 B 传输的最后一个数据帧后等待 $T_1 = T_{ACK} + T_{DATA} + 2T_{max}$，若没有听到

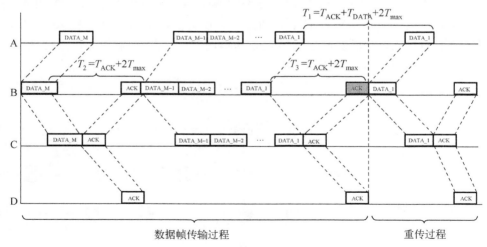

图 7.9　数据帧传输

节点 B 重传,节点 B 的邻居节点认为节点 B 已经处于发送避免状态并将本地分层着色图中节点 B 的颜色变为绿色。

ACK 帧发生丢包存在以下两种情况(具体示意图如图 7.9 所示):

(1)节点 B 发送的包链中的第一个数据帧后,等待 $T_2 = T_{ACK} + 2T_{max}$,没有接收到回应第一个试探数据帧的 ACK 帧,则节点 B 将重新传输第一个试探数据帧 DATA_M,直到接收到对应的 ACK 帧,或者重传的次数超过了预定义的次数;

(2)节点 B 发送包链中的最后一个数据帧 DATA_1 后,等待 $T_3 = T_{ACK} + 2T_{max}$,仍然没有收到来自节点 C 的 ACK 帧,节点 B 将立刻重新传输最后一个数据帧 DATA_1,然后等待接收 ACK 帧。

4. 基于公平性的退避方案

公平性是指信道资源可以公平地被节点获取,较早发送请求的节点应该优先传输数据[9]。但是由于 UASNs 长传播延时的特性,较早发送请求的节点不一定能优先传输数据,还取决于节点的位置。在流量负载较重的网络应用中,距离接收节点越近的节点更容易获得信道资源。这样就会出现某个节点或者数据流独占信道资源,而其他的节点一直处于“饥饿”状态。空间不确定性使得距离接收节点较近的节点会迅速抢占信道,而其他距离接收节点较远的节点难以获得信道资源,导致节点在获取信道资源上的不公平现象[10,11]。时空不确定性造成了信道资源使用不公平现象,本节提出基于公平性的退避方案,改善信道分配资源不公平的现象。

在本节中,发送节点通过计算自己的优先级函数来评估自己接入信道的可能性。优先级函数对尚未接入信道的发送节点并不会产生影响。优先级函数是基于发送节点与接收节点的通信次数和发送节点的请求数据传输的次数。通信次数越大时,优先级函数值越小,发送节点接入信道的可能性越小;请求数据传输的次数越大时,优先级函数的值越大,发送节点接入信道的可能性越大。发送节点的优先级函数 f 的计算公式如下

$$f = \alpha \frac{1}{1 + N_{access}} + \beta(1 - \sqrt{e^{-N_{requ}}}) \tag{7.1}$$

其中,权重系数 $\alpha + \beta = 1$, N_{access} 为发送节点与接收节点的通信次数, N_{requ} 为发送节点的请求数据传输的次数。权重系数 α 和 β 可以平衡通信次数和请求次数的影响。根据上述公式,当 N_{access} 增大时,优先级函数值变小;当 N_{requ} 增大时,优先级函数值变大。通信次数越小,请求数据传输次数越大,优先级函数值越大,节点接入信道的可能性越大。函数 $x = 1/(1 + N_{access})$ 和函数 $y = 1 - \sqrt{e^{-N_{requ}}}$ 的图像如图 7.10 所示。

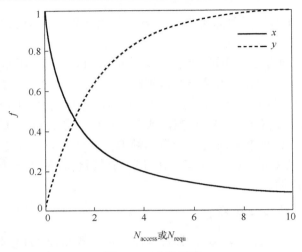

图 7.10　函数图像

当节点数据传输结束或一次抢占信道成功后，传输的数据帧数达到最大值，都会开启一个退避计时器。发送节点的优先级函数值越大，越早结束退避计时器。由于 UASNs 时空不确定性，信道可能会被一个有距离优势的节点一直占用，造成信道分配不公平的现象。因此，给距离接收节点较远的节点较高的优先级。D_{SR} 为接收节点与发送节点之间的距离。D_{SR} 越大退避时间越小，f 越高退避时间越小。因此，D_{SR} 较大和 f 较高的发送节点会优先结束发送退避状态去抢占信道。退避计时器表示为

$$backoff(X) = \left[random[0,1] + \frac{1}{1+D_{SR}} + (1-f) \right] \tag{7.2}$$

7.1.3　信道效率分析

在本节中，对 slotted-FAMA 协议与 SC-MAC 协议的信道效率进行理论分析并进一步对比两种协议的信道效率性能。

假设网络布局如图 7.11 所示，节点 ω 的邻居节点的个数为 N（$N=6$），每一个邻居节点都有 Q 个节点对节点 ω 隐藏，称为节点 ω 的隐藏节点(图中，节点 1 的灰色的邻居节点是节点 ω 的隐藏节点，$Q=2$)。每个节点每秒平均发送 λ 个数据帧(以参数为 λ 的泊松源发送数据)，产生的数据帧均匀地指向每一个邻居节点，即每一个邻居节点将以 λ/N 的速率接收数据帧。

节点的信道效率可以被定义为成功传输有效数据帧的传输时间与整个数据传输总时间的比值

$$S = \frac{\overline{U}}{\overline{B} + \overline{I}} \tag{7.3}$$

其中，$\overline{U}$ 表示发送有效数据的平均时间，$\overline{B}$ 表示信道中繁忙的平均时间（包含传输成功、传输失败以及退避所占用的时间），$\overline{I}$ 表示信道中空闲的平均时间。

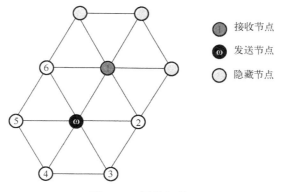

图 7.11　网络拓扑

在 slotted-FAMA 协议中，一个时隙包含一个数据帧的最大传输延时 T_{maxtran}、最大传播延时 T_{max} 以及保护时间 $T_{\text{guardtime}}$，即

$$T_{\text{slot}} = T_{\text{maxtran}} + T_{\text{max}} + T_{\text{guardtime}} \tag{7.4}$$

在 SC-MAC 协议中，T_d 表示传输一个数据帧所需要的最大的时间，包含传输一个数据帧的传输时延（T_{maxtran}）和最大传播时延（T_{max}），即

$$T_d = T_{\text{maxtran}} + T_{\text{max}} \tag{7.5}$$

因此，$T_{\text{slot}} > T_d$。在 slotted-FAMA 协议中传输一个数据帧占用的时间大于 SC-MAC 协议中占用的时间。

假设在 UASNs 中的误码率为 p_{BER}，若一个数据帧有 L 个比特，那么数据帧错误率 P_e 为

$$P_e = 1 - (1 - p_{\text{BER}})^L \approx L \cdot p_{\text{BER}} \tag{7.6}$$

在 slotted-FAMA 协议中，P_{sfama} 表示发送节点（节点 ω）在某时隙中发送 RTS 帧时，这个帧被成功传输的概率。该帧的成功传输意味着此时隙发送节点的邻居节点既没有发送 RTS 帧，也没有回复 CTS 帧给发送节点的隐藏节点，也就是说，发送节点的所有隐藏节点在上一个时隙都没有成功传输 RTS 帧给其邻居节点。因此，P_{sfama} 可表示为

$$P_{\text{sfama}} = \prod_1^N e^{-\lambda T_{\text{slot}}} \cdot \prod_1^N \left(\prod_1^Q e^{-\frac{\lambda}{N} T_{\text{slot}}} \right) = e^{-\lambda(N+Q)T_{\text{slot}}} \tag{7.7}$$

在 SC-MAC 协议中，P_{scmac} 表示成功传输的概率。当接收节点为绿色（"未知状态"与"发送避免状态"），且发送节点的其他邻居节点都不为红色（"接收状态"）时，

发送节点才会向接收节点发送数据帧。SC-MAC 协议成功传输需要满足以下三个条件：①接收节点在 T_d 时间内并没有转换到发送状态进行数据的发送；②接收节点的其他邻居节点在 T_d 时间内不向接收节点发送数据；③发送节点的其他邻居节点在 T_d 时间内不向发送节点的隐藏节点回复 ACK 帧。因此，P_{scmac} 可表示为

$$
\begin{aligned}
P_{\text{scmac}} &= \mathrm{e}^{-\lambda T_d} \cdot \prod_{1}^{N-1} \mathrm{e}^{-\frac{\lambda}{N} T_d} \cdot \prod_{1}^{N-1} \prod_{1}^{Q} \mathrm{e}^{-\frac{\lambda}{N} T_d} \\
&= \mathrm{e}^{-\lambda T_d \left(1 + \frac{(N-1)(Q+1)}{N}\right)}
\end{aligned}
\tag{7.8}
$$

在式(7.7)和式(7.8)中，$T_{\text{slot}} > T_d$ 并且 $N + Q > 1 + \dfrac{(N-1)(Q+1)}{N}$，因此，$P_{\text{scmac}} > P_{\text{sfama}}$，SC-MAC 协议成功传输的概率远大于 slotted-FAMA 协议成功传输的概率。

在 slotted-FAMA 协议中，一次完整的数据传输包含 RTS 帧、CTS 帧，所有的数据帧(包含重传的数据帧)以及 ACK 帧。RTS 帧、CTS 帧以及 ACK 帧都需占用一个时隙。在 SC-MAC 协议中，一次完整的数据传输包含第一个试探数据帧，回应第一个试探数据帧的 ACK 帧，建立通信后剩余全部数据帧(包含重传的数据帧)以及回应最后一个数据帧的 ACK 帧。数据传输所需要的总时间用 T_{data} 表示。定义 T_{valid} 为数据开始传输到成功的接收到 ACK 帧所占用的总时间，那么

$$
T_{\text{valid}} = \sum_{n=1}^{\infty} n(T_{\text{data}} + T_{\text{slot}}) \cdot P_e^{n-1}(1 - P_e) = \frac{T_{\text{data}} + T_{\text{slot}}}{1 - P_e}
\tag{7.9}
$$

式(7.3)中，发送有效数据的平均时间 $\overline{U}$ 是指数据传输过程中传输数据帧所占用的平均时间。那么发送节点发送有用数据帧的平均时间为

$$
\overline{U} = \frac{T_{\text{valid}}}{N+1} \cdot P_s
\tag{7.10}
$$

其中，P_s 表示发送节点传输数据成功的概率。在 slotted-FAMA 协议中，$P_s = P_{\text{sfama}}$。在 SC-MAC 协议中，$P_s = P_{\text{scmac}}$。

信道的平均繁忙时间包含成功传输数据帧的平均时间($\overline{T}_{\text{success}}$)、信道中发生冲突而传输数据帧失败的平均时间($\overline{T}_{\text{fail}}$)以及平均退避时间($\overline{T}_{\text{defer}}$)，因此

$$
\overline{B} = \overline{T}_{\text{success}} + \overline{T}_{\text{fail}} + \overline{T}_{\text{defer}}
\tag{7.11}
$$

在 slotted-FAMA 协议中，一次完整数据成功传输的总时间 $T_{\text{Tol-sfama}}$ 应该包含 RTS 帧和 CTS 帧所需要的两个时隙加上 T_{valid}，那么

$$
T_{\text{Tol-sfama}} = 2T_{\text{slot}} + T_{\text{valid}}
\tag{7.12}
$$

在 SC-MAC 协议中，一次完整数据成功传输的总时间 $T_{\text{Tol-scmac}}$ 应该包含回应第一个数据帧的 ACK 帧的总时间加上 T_{valid}，那么

$$
T_{\text{Tol-scmac}} = T_{\text{ACK}} + T_{\text{valid}}
\tag{7.13}
$$

根据式 (7.12) 和式 (7.13) 可知，$2T_{\text{slot}} > T_{\text{ACK}}$，因此，$T_{\text{Tol-sfama}} > T_{\text{Tol-scmac}}$，slotted-FAMA 协议一次完整数据成功传输的总时间大于 SC-MAC 协议一次完整数据成功传输的总时间。在式(7.11)中，对于 slotted-FAMA 协议，$\overline{T}_{\text{success}} = T_{\text{Tol-sfama}}$；对于 SC-MAC 协议，$\overline{T}_{\text{success}} = T_{\text{Tol-scmac}}$。

在 slotted-FAMA 协议中，数据帧传输失败的时间包含两个时隙，第一个时隙是用来发送 RTS 帧，第二个时隙是用来等待不会到达的 CTS 帧。由于发送节点与其 N 个邻居节点产生数据帧的速率是相同的，所以一个给定 RTS 帧是发送节点产生的概率为 $1/(N+1)$，因此

$$\overline{T}_{\text{fail-sfama}} = \frac{2T_{\text{slot}} \times (1 - P_{\text{sfama}})}{N+1} \tag{7.14}$$

在 SC-MAC 协议中，数据帧传输失败的时间包含发送第一个数据帧以及没有接收到回应第一个数据帧的 ACK 帧的时间，因此

$$\overline{T}_{\text{fail-scmac}} = \frac{(T_d + T_{\text{ACK}}) \times (1 - P_{\text{scmac}})}{N+1} \tag{7.15}$$

其中，T_{ACK} 为回应第一个数据帧的 ACK 的传播延时加传输延时，$T_{\text{ACK}} < T_d < T_{\text{slot}}$。在式(7.14)和式(7.15)中，$2T_{\text{slot}} > T_d + T_{\text{ACK}}$，因此 $\overline{T}_{\text{fail-sfama}} > \overline{T}_{\text{fail-scmac}}$。slotted-FAMA 协议数据帧传输失败的时间大于 SC-MAC 协议数据帧传输失败的时间。

在 slotted-FAMA 中，退避时间是指由于发送节点侦听到其邻居节点发送的 CTS 帧或者侦听到信道上存在冲突后而推迟自身数据帧传输的时间。发送节点侦听到其邻居节点发送的 CTS 帧的概率为

$$P_{\text{CTSoverheard}} = 1 - \prod_{1}^{NQ} e^{-\frac{\lambda}{N}T_{\text{slot}}} = 1 - e^{-Q\lambda T_{\text{slot}}} \tag{7.16}$$

此时退避时间为 $(T_{\text{data}} + T_{\text{slot}})/(1 - P_e)$。

发送节点 ω 侦听到信道存在冲突概率是指排除信道中无冲突产生的概率，信道中无冲突有以下两种情况：①只有一个发送节点 ω 的邻居节点发送 RTS 帧；②没有发送节点 ω 的邻居节点发送 RTS 帧。那么发送节点 ω 侦听到信道存在冲突概率为

$$P_{\text{collision-sfama}} = 1 - \prod_{1}^{N-1} e^{-\lambda T_{\text{slot}}} - \prod_{1}^{N} e^{-\lambda T_{\text{slot}}} = 1 - e^{-\lambda T_{\text{slot}}(N-1)} - e^{-\lambda T_{\text{slot}}N} \tag{7.17}$$

此时退避时间为 $T_{\text{data}} + T_{\text{slot}}$。

slotted-FAMA 协议的退避时间 $T_{\text{defer-sfama}}$ 可表示为

$$T_{\text{defer-sfama}} = (T_{\text{data}} + T_{\text{slot}})\left(\frac{1 - e^{-Q\lambda T_{\text{slot}}}}{1 - P_e} + \left(1 - e^{-\lambda T_{\text{slot}}(N-1)} - e^{-\lambda T_{\text{slot}}N}\right)\right) \tag{7.18}$$

在 SC-MAC 协议中，当发送节点 ω 有数据传输时，接收节点不为绿色（"接收

状态"与"发送状态")时或者发送节点 ω 存在红色("接收状态")的邻居节点，发送节点 ω 进入退避状态，开启退避计时器。

发送节点 ω 认为接收节点不为绿色有以下两种情况：①发送节点 ω 侦听到接收节点向发送节点 ω 的其中一个隐藏节点回应第一个试探数据帧的 ACK 帧；②发送节点 ω 向接收节点传输的第一个试探数据帧。

P_{oneACK} 表示发送节点 ω 侦听到接收节点向发送节点 ω 的其中一个隐藏节点回应第一个试探数据帧的 ACK 帧的概率，那么

$$P_{\text{oneACK}} = \prod_1^{Q-1} \mathrm{e}^{-\frac{\lambda}{N}T_d} = \mathrm{e}^{-\frac{\lambda}{N}QT_d} \tag{7.19}$$

P_{oneData} 表示发送节点 ω 侦听到接收节点传输的第一个试探数据帧的概率，那么

$$P_{\text{oneData}} = 1 - \mathrm{e}^{-\lambda T_d} \tag{7.20}$$

那么当发送节点 ω 有数据传输时，接收节点不为绿色的概率为

$$P_{\text{Dataoverheard}} = \mathrm{e}^{-\frac{\lambda}{N}QT_d}(1 - \mathrm{e}^{-\lambda T_d}) \tag{7.21}$$

此时退避时间为 $(T_{\text{data}} + T_{\text{slot}}) / (1 - P_e)$。

发送节点 ω 存在红色("接收状态")的其他邻居节点是指发送节点 ω 侦听到除了接收节点之外的其他邻居节点发送的 ACK 帧。发送节点 ω 认为此时传输会使信道中产生冲突且干扰其他邻居节点的数据传输而推迟自身的数据传输，因此，发送节点 ω 存在红色的邻居节点的概率为

$$P_{\text{collision-scmac}} = 1 - \prod_1^{N-1}\prod_1^{Q} \mathrm{e}^{-\frac{\lambda}{N}T_d} = 1 - \mathrm{e}^{-\frac{\lambda Q(N-1)}{N}T_d} \tag{7.22}$$

此时退避时间为 $T_{\text{data}} + T_{\text{slot}}$。

SC-MAC 协议中的退避时间 $T_{\text{defer-scmac}}$ 可表示为

$$T_{\text{defer-scmac}} = (T_{\text{data}} + T_{\text{slot}})\left(\frac{\mathrm{e}^{-\frac{\lambda}{N}QT_d}(1 - \mathrm{e}^{-\lambda T_d})}{1 - P_e} + \left(1 - \mathrm{e}^{-\frac{\lambda Q(N-1)}{N}T_d}\right)\right) \tag{7.23}$$

根据式 (7.18) 和式 (7.23) 可知，$T_{\text{slot}} > T_d$，$1 - \mathrm{e}^{-\lambda T_{\text{slot}}(N-1)} - \mathrm{e}^{-\lambda T_{\text{slot}}N} > 1 - \mathrm{e}^{-\frac{\lambda Q(N-1)}{N}T_d}$ 且 $1 - \mathrm{e}^{-Q\lambda T_{\text{slot}}} > \mathrm{e}^{-\frac{\lambda}{N}QT_d}(1 - \mathrm{e}^{-\lambda T_d})$。因此 slotted-FAMA 协议退避时间大于 SC-MAC 协议退避时间，即 $T_{\text{defer-sfama}} > T_{\text{defer-scmac}}$。

SC-MAC 协议以及 slotted-FAMA 协议的信道中空闲的平均时间 $\bar{I}$ 为

$$\bar{I} = \frac{1}{(N+1)\lambda} \tag{7.24}$$

综合以上公式可得，slotted-FAMA 协议的信道利用率如式(7.25)所示，SC-MAC 协议的信道利用率如式(7.26)所示。根据式(7.7)和式(7.8)，可知 $P_{\text{scmac}} > P_{\text{sfama}}$。根据式(7.9)～式(7.24)可得，SC-MAC 协议传输有效的数据平均时间大于 slotted-FAMA 协议传输有效数据的平均值。由式(7.3)可知，传输有效数据的平均时间 $\overline{U}$ 的值越大，平均繁忙时间 $\overline{B}$ 和平均空闲时间 $\overline{I}$ 之和越小，协议的信道利用率越大。综上所述，SC-MAC 协议的信道利用率远大于 slotted-FAMA 协议的信道利用率。

$$S_{\text{sfama}} = \cfrac{T_{\text{valid}} \cdot P_{\text{sfama}}}{(N+1)T_{\text{Tol-sfama}} + 2T_{\text{slot}}(1-P_{\text{sfama}}) + } \tag{7.25}$$

$$(N+1)(T_{\text{data}}+T_{\text{slot}})\left(\frac{1-e^{-Q\lambda T_{\text{slot}}}}{1-P_e}+(1-e^{-\lambda T_{\text{slot}}(N-1)}-e^{-\lambda T_{\text{slot}}N})\right)+\frac{1}{\lambda}$$

$$S_{\text{scmac}} = \cfrac{T_{\text{valid}} \cdot P_{\text{scmac}}}{(N+1)T_{\text{Tol-scmac}} + (T_d + T_{\text{ACK}})(1-P_{\text{scmac}}) + } \tag{7.26}$$

$$(N+1)(T_{\text{data}}+T_{\text{slot}})\left(\frac{e^{-\frac{\lambda}{N}QT_d}(1-e^{-\lambda T_d})}{1-P_e}+\left(1-e^{-\frac{\lambda Q(N-1)}{N}T_d}\right)\right)+\frac{1}{\lambda}$$

7.1.4 协议仿真分析

本节使用 NS3 平台进行仿真实验来评估所提出的 SC-MAC 协议的性能。仿真网络模型采用与图 7.1 相同的网络模型，即在 10km×10km×10km 的仿真区域内部署 62～112 个节点，仿真实验参数设置如表 7.3 所示。

表 7.3　SC-MAC 协议仿真参数表

参数	取值
数据帧大小/B	200
ACK 确认帧包大小/bit	56
数据率/(包/s)	0.2～1.05
仿真时间/s	500
传输范围/m	3500
带宽/(Kbit/s)	10
路由协议	LB-AGR

1. 性能评估指标

性能评估指标有总能耗、平均能耗、端到端延时、吞吐量、交付率和公平性。
(1)总能耗。
总能耗是指在仿真时间内整个网络所消耗的总能量，即整个网络的初始能量与

剩余能量之差。那么总能耗可以表示为

$$E_{\text{total}} = \sum_{i=1}^{N}(E_{\text{ini}} - E_{\text{res}}) \tag{7.27}$$

其中，E_{total} 表示仿真时间内网络中的总能耗，E_{ini} 表示一个节点的初始能量，E_{res} 表示一个节点仿真时间结束后的剩余能量，N 表示网络中一共有 N 个节点。

（2）平均能耗。

平均能耗指一次仿真实验中总能耗 E_{total} 与 sink 节点成功接收的帧数 N_{success} 的比值[12]。计算公式为

$$\text{AEC} = \frac{E_{\text{total}}}{N_{\text{success}}} \tag{7.28}$$

（3）交付率。

交付率是指在仿真实验时间内成功接收的数据帧数与发送节点生成的总数据帧数的比值，可表示为

$$p = \frac{m}{\lambda T} \tag{7.29}$$

其中，假定每个节点每秒平均发送 λ 个数据帧（以参数为 λ 的泊松源发送数据），m 表示 T 时间内成功收到的数据帧的总数。

（4）吞吐量。

吞吐量有很多种定义，通常定义为单位时间内成功传输的数据量。吞吐量越大，证明单位时间内传输的数据量越多，网络的性能越好。假设数据帧长度为 L，仿真时间 T 内成功传输数据帧数 m，吞吐量 Λ 计算方式为

$$\Lambda = \frac{mL}{T} \tag{7.30}$$

（5）端到端时延。

端到端时延是指从发送节点产生数据帧到该数据帧被 sink 节点成功接收所需要的时间。当某个数据帧成功传输，其延迟包括传输时延、传播时延以及若数据帧发生错误或者冲突而重传所需的时间。对于 MAC 协议，由于每一个数据帧的时延可能不同，通常使用数据帧的平均时延来衡量协议的性能。

（6）公平性。

当多个传感器节点同时竞争信道时，MAC 协议没有给某些节点更高的优先级时，则认为 MAC 协议具有较高的公平性。公平性是衡量 MAC 协议性能的重要的指标，公平性高的 MAC 协议，所有节点可以相对公平的竞争信道资源[13]。公平性 F 的计算公式如下

$$F = \frac{\left(\sum x_i\right)^2}{n \sum x_i^2} \tag{7.31}$$

其中，x_i 表示节点 i 的吞吐量（$1 \leqslant i \leqslant n$），$n$ 表示网络中的节点数，根据 F（$0 \leqslant F \leqslant 1$）的值度量协议的公平性。$F$ 的值越高，协议的公平性越高。F 逐渐趋近于 1，协议公平性上升；F 逐渐趋近于 0，协议公平性下降。这意味着当 F 等于 1，所有节点在竞争信道资源时完全公平。

2. SC-MAC 协议仿真实验结果与分析

在一个三维空间内，若节点数太少，网络连通性差，在数据帧传输过程中存在找不到下一跳节点的情况，数据帧不能从源节点成功地传输到 sink 节点。若节点数太多，节点密度太大，节点之间冲突的可能性增大。因此选择一个适用于此仿真环境的最优节点数是非常必要的。

声波信号强度决定节点传输范围，当传输范围较小时，竞争信道的节点比较少，但是数据帧从源节点到 sink 节点的跳数会增大，网络连通性较差，可能出现孤立的节点。当传输范围较大时，数据帧从源节点到 sink 节点的跳数会变小，网络有较好的连通性，但是任意节点的邻居节点数会增加，进一步会加大冲突的可能性。在仿真实验中，通过给定发送节点和接收节点的距离，测试此时发送节点可以成功传输数据帧到接收节点的最小声波信号强度。仿真结果如图 7.12 所示，声波信号强度的取值范围为 $-50 \sim 0$dB。其中传输范围 0.5km、1km、1.5km、2.5km、3km、3.5km、4km、4.5km、5km、5.5km、6km 对应的声波信号强度为 -49.6dB、-42.65dB、-37.55dB、-33.25dB、-29.50dB、-25.75dB、-22.47dB、-19.2dB、-15.93dB、-12.65dB、-9.6dB、-6.55dB。

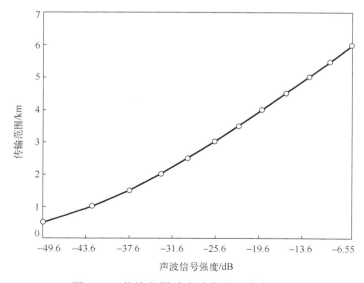

图 7.12 传输范围随声波信号强度变化图

本节通过大量的仿真实验测试在 10km×10km×10km 的仿真区域内的最佳节点数与最佳声波信号强度。仿真环境设置如下：数据总量 10000 字节，数据率 0.63 包/s，声波信号强度为–6.55dB、–9.60dB、–12.65dB、–15.93dB、–19.20dB、–22.42dB、–25.75dB、–29.50dB，部署节点数为 62、72、82、92、102、112，其他仿真实验环境参数设置与表 7.3 相同。

图 7.13 表示声波信号强度与平均邻居节点数之间的关系。声波信号强度越大，节点的传输范围越大，那么节点的平均邻居节点数量越多。当声波信号强度为–29.5dB 时，任意节点的平均邻居节点大约为 2 个，当声波信号强度为–6.55dB，任意节点的平均邻居节点数大约为 24 个。

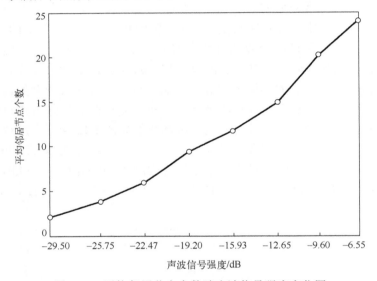

图 7.13　平均邻居节点个数随声波信号强度变化图

图 7.14 表示节点个数、声波信号强度与交付率的关系。当节点数量较少时，网络连通性较差，需要较大的声波信号强度来保障整个网络良好的网络连通性。当节点数较大时，较小的声波信号强度就能保障网络的连通性。图中，当声波信号强度为–29.5dB 和–22.75dB 时，随着节点数的增加，网络连通性逐渐变好，交付率逐渐增大；当声波信号强度大于等于–22.47dB 时，节点数量为 62、72、82、92、102、112 时都能有很好的网络连通性，因此交付率均在 90%以上。

图 7.15 表示节点个数、声波信号强度与总能耗的关系。传输相同的数据总量，节点个数与声波信号强度对整个网络的总能耗有着密切的影响。根据仿真实验表明，随着网络中部署的节点数的逐渐增大，整个网络消耗的总能耗逐渐增大；随着声波信号强度逐渐增大，整个网络的总能耗也逐渐增大。

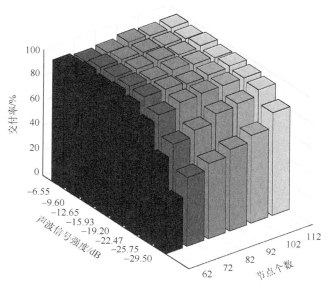

图 7.14　节点个数、声波信号强度与交付率的关系

　　图 7.12～图 7.15 仿真实验结果表明，在保障交付率的前提下，应该尽量选择部署较少的节点和较小的声波信号强度，使得网络中的总能耗较小。因此，综合仿真实验结果选择在仿真区域部署 82 个节点，设置节点的声波信号强度为−22.47dB。

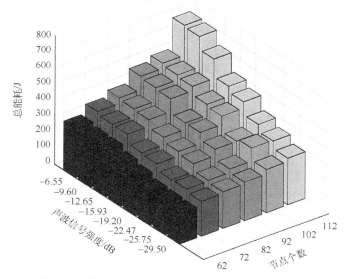

图 7.15　节点个数、声波信号强度与总能耗的关系

3. 并行传输和无并行传输分析

在本节中，当发送节点有数据传输时，首先查看其本地分层着色图，若接收节点为绿色，其他邻居节点没有红色，发送节点可以发送数据帧，这样就可以实现发送节点与其他邻居节点并行传输数据帧，降低了端到端平均延时，提高了吞吐量，解决 UASNs 中信道利用率低的问题。然而，并发传输可能会带来冲突，若接收节点与其他邻居节点都为绿色时才能发送数据帧，那么就没有并发传输的可能性，会减少冲突的发生，提高交付率。对于带宽有限的 UASNs，非并行传输会造成极大的带宽资源的浪费，使得 UASNs 中信道利用率低。

本组 (图 7.16) 仿真实验研究并行传输与非并行传输的吞吐量随着数据率增大的变化趋势。在仿真环境中部署 82 个节点，数据总量为 10000 字节，改变数据率。其他的仿真实验环境设置与表 7.3 相同。

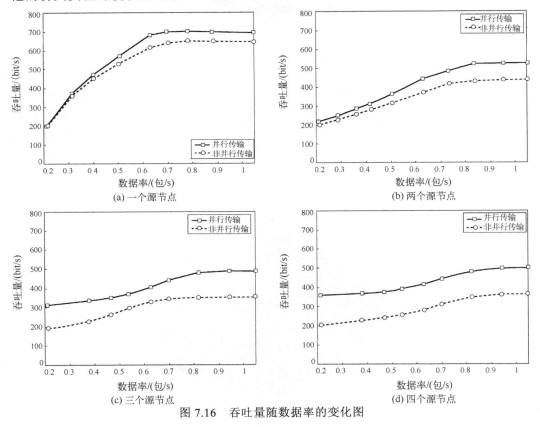

图 7.16　吞吐量随数据率的变化图

图 7.16 (a)～(d) 分别表示一个源节点、两个源节点、三个源节点以及四个源节点时，SC-MAC 协议中并行传输与非并行传输的吞吐量随着数据率增大的变化趋势。

在图 7.16(a) 中，网络中只有一个源节点，根据 LB-AGR 路由机制，路由的选择与候选节点的剩余能量有关，因此节点每次传输数据选择的路径不尽相同，当数据率较大时，网络中就会存在并行传输的情况，并行传输的吞吐量大于非并行传输的吞吐量；数据率较小时网络中不存在并行传输的情况，并行传输与非并行传输的吞吐量几乎相同。在图 7.16 中，由于网络中多个源节点，所以存在大量的并行传输，随着数据率的增大，并行传输的吞吐量均大于非并行传输的吞吐量；源节点数越多，并行传输的吞吐量与非并行传输的吞吐量差值越大。

　　本组 (图 7.17) 仿真实验研究并行传输与非并行传输的吞吐量随源节点个数的变化趋势。在仿真环境中部署 82 个节点，数据总量为 1000 字节，其他的仿真实验环境设置与表 7.3 相同。

　　图 7.17 表示 SC-MAC 协议中并行传输与非并行传输的吞吐量随着源节点个数增加的变化趋势。当源节点数为 1 时并行传输与非并行传输吞吐量几乎相同，当源节点数大于 2 时，随着源节点数的增加，并行传输的吞吐量大于非并行传输的吞吐量。图中，并行传输与非并行传输随着源节点个数的增加，吞吐量均逐渐增大。然而随着源节点个数的增大网络中产生的冲突也随之增大，因此当源节点个数为 7 时，吞吐量达到峰值。源节点增加到 7 个之后吞吐量逐渐减少，源节点增加到 10 之后吞吐量逐渐趋于稳定。

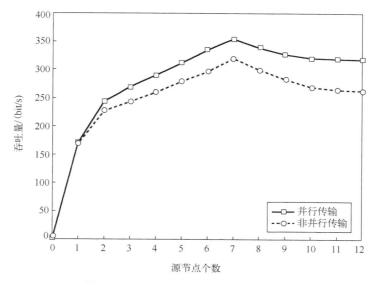

图 7.17　吞吐量随源节点个数的变化图

4. 数据帧大小对协议性能的影响

本节通过大量的仿真实验研究数据帧大小对协议的性能的影响。数据帧大小设置为 50 字节、70 字节、90 字节、110 字节、130 字节、150 字节、170 字节、190字节、200 字节、210 字节、230 字节、250 字节，在仿真区域部署 82 个节点，数据总量为 10000 字节。其他的仿真实验环境设置与表 7.3 相同。

图 7.18 表示 SC-MAC 协议交付率随着数据帧增大的变化趋势。随着数据帧大小的逐渐增大，数据帧数逐渐减少，SC-MAC 协议交付率也随之增大，直到数据帧大小为 200 字节，交付率达到峰值，数据帧大于 200 字节后，SC-MAC 协议交付率也逐渐减少。

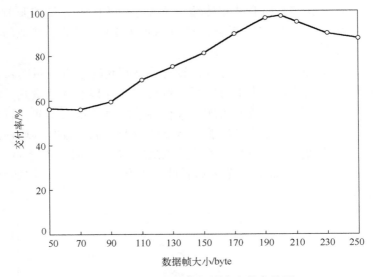

图 7.18　交付率随数据帧大小的变化图

图 7.19 表示 SC-MAC 协议吞吐量随着数据帧增大的变化趋势。随着数据帧大小的逐渐增大，SC-MAC 协议吞吐量也随之增大，直到数据帧大小为 200 字节，吞吐量达到峰值，数据帧大于 200 字节后，SC-MAC 协议吞吐量也逐渐减少。

图 7.20 表示 SC-MAC 协议平均能耗随着数据帧增大的变化趋势。随着数据帧大小的改变，平均能耗均在 1～2.2J。当数据帧大小在 130～210 字节，平均能耗维持在 1.2J 左右，这时的平均能耗相对较少。

本节仿真实验结果表明，数据帧大小对 SC-MAC 协议的交付率、吞吐量和平均能耗都有很大的影响。数据帧大小为 200 字节时 SC-MAC 协议的性能达到最佳。

5. SC-MAC 协议的对比实验

本节通过大量的仿真实验对 SC-MAC 协议、R-MAC 协议和 slotted-FAMA 协议的性能进行对比分析。在仿真区域部署 82 个节点，数据总量为 10000 字节。其他的仿真实验环境设置与表 7.3 相同。

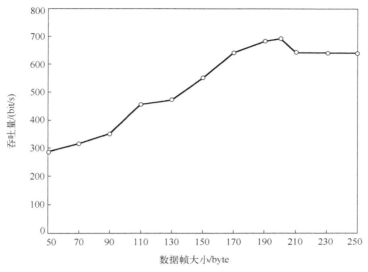

图 7.19　吞吐量随数据帧大小的变化图

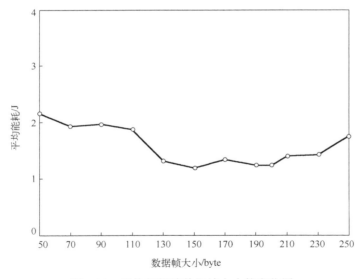

图 7.20　平均能耗随数据帧大小的变化图

图 7.21 表示在不同声波信号强度下 SC-MAC 协议、R-MAC 协议和 slotted-FAMA 协议的端到端延迟的比较。随着声波信号强度的增加，SC-MAC 协议、R-MAC 协议和 slotted-FAMA 协议的端到端延迟都呈减少的趋势。这是因为随着声波信号强度的增加，数据帧从 sink 节点到源节点的跳数减少，对应端到端延迟逐渐减少。仿真结果表明，与 R-MAC 协议和 slotted-FAMA 协议相比，SC-MAC 协议的平均端到端延迟性能表现更优。

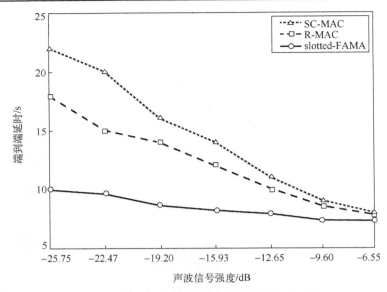

图 7.21　端到端延时随声波信号强度的变化图

　　图 7.22 表示在不同数据率下 SC-MAC 协议、R-MAC 协议和 slotted-FAMA 协议的吞吐量的比较。随着数据率的增加，三个 MAC 协议的吞吐量都在逐渐增加。当数据率继续增大时，由于 SC-MAC 协议和 R-MAC 协议都能有效地避免冲突，所以吞吐量都逐渐趋于稳定,但是 R-MAC 协议的吞吐量仍小于 SC-MAC 协议的吞吐量。

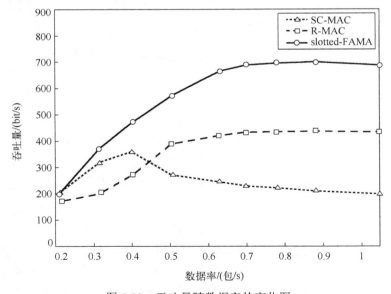

图 7.22　吞吐量随数据率的变化图

slotted-FAMA 协议由于冲突的大量产生而导致吞吐量急剧下降。仿真结果表明,与 R-MAC 协议和 slotted-FAMA 协议相比,SC-MAC 协议的吞吐量性能表现更优。

图 7.23 表示在不同数据率下 SC-MAC 协议、R-MAC 协议和 slotted-FAMA 协议的平均能耗的比较。随着数据率的增大,网络负载以及冲突都会相应地增加。SC-MAC 协议、R-MAC 协议和 slotted-FAMA 协议的平均能耗都相对较小,但是由于 slotted-FAMA 协议信道利用率较低,每成功传输一帧经历的端到端时延较大,增加了节点的侦听和空闲能耗。在数据帧不是很长的 UASNs 中,频发的 RTS/CTS 握手消耗了额外的能量。R-MAC 协议使用了复杂的调度算法来避免冲突,但也在一定程度上增加了平均能耗。因此 R-MAC 协议和 slotted-FAMA 协议的平均能耗均大于 SC-MAC 协议的平均能耗。随着数据率的增加,SC-MAC 协议平均能耗基本维持在 1J 左右,然而 R-MAC 协议和 slotted-FAMA 协议由于竞争信道产生冲突而提高了能耗。R-MAC 协议使用调度算法来避免冲突,因此 R-MAC 协议没有 slotted-FAMA 协议能耗增加得多。仿真结果表明,与 R-MAC 协议和 slotted-FAMA 协议相比,SC-MAC 协议的平均能耗性能表现更优。

综合图 7.21～图 7.23 可知,SC-MAC 协议的端到端延时、吞吐量和平均能耗等性能均优于 R-MAC 协议和 slotted-FAMA 协议。

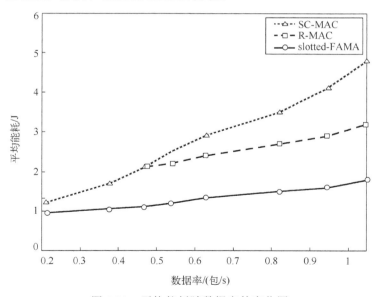

图 7.23　平均能耗随数据率的变化图

本节提出的基于状态着色的水声传感器网络 SC-MAC 协议,通过 NS3 仿真实验展现了 SC-MAC 协议的吞吐量、端到端延迟和能耗这三项指标的性能都要优于 R-MAC 协议和 slotted-FAMA 协议。SC-MAC 协议在移动性不大的网络中性能良好。

7.2 LSPB-MAC：基于层级与状态感知的水下广播 MAC 协议

UASNs 路由分为单播路由和广播路由两类。采用单播路由时数据包在传输过程中总是由上一跳节点（发送节点）选择决定单个的下一跳节点，并将数据包路由转发至所选的下一跳节点，即只使用最佳路由进行数据传输。由于这些单播路由通常需要一个碰撞避免的水声传感器网络 MAC 机制为其提供信道访问控制服务，国内外学者针对 UASNs 提出了多种碰撞避免的单播 MAC 协议。然而在广播路由协议中，接收节点需要自行判断自己是否为收到的报文执行路由转发，因此，采用广播路由时，报文在传输过程中可能沿多条路径冗余转发。广播路由同样需要碰撞避免的水声传感器网络 MAC 机制为其提供信道访问控制服务，然而采用广播路由时发送节点并未明确给出下一跳路由节点，使得那些适用于单播路由的水下碰撞避免 MAC 协议（如基于 RTS/CTS 握手的 MAC 机制）不能应用于广播路由传输，水下广播路由传输只能选择使用随机访问 MAC 机制（如 ALOHA 和时隙 ALOHA 协议）。在基于随机访问的 MAC 协议中，发送节点不经过任何信道协调过程就发送数据帧，适用于流量负载较小的网络，但随着流量负载的增大，随机访问的 MAC 协议很容易产生帧的碰撞，这会使得低带宽、长延时的 UASNs 在流量负载较大时产生大量的碰撞与重传，从而降低信道利用率和能量效率。

针对上述问题，本节提出了一种基于层级与状态感知的水下广播 MAC 协议（layer and state perception-based broadcast MAC protocol，LSPB-MAC），解决了水下广播路由传输使用随机访问 MAC 机制导致的较大碰撞问题。LSPB-MAC 协议在不使用握手机制的基础上，通过感知邻居节点的状态，进一步基于邻居节点状态进行数据传输，在避免碰撞的同时，提高了水声信道利用率。LSPB-MAC 协议可直接为文献[12]等分层广播路由提供信道接入控制，也可稍经修改后为其他广播路由提供共享信道访问控制。

7.2.1 常见碰撞分析

水下通信环境十分复杂，针对水声信道所具有的传输时延长、可用带宽窄、可变长传播时延以及时空不确定性等问题[13-15]，设计一种能够避免数据帧的碰撞、高效利用水声信道、采用并发传输从而提升吞吐量的 MAC 协议至关重要。

碰撞问题是导致协议性能差的最主要原因，在 UASNs 中，常见的数据帧碰撞包括"接收-接收"碰撞和"发送-接收"碰撞两种，如图 7.24 所示。下面分别对 UASNs 中"接收-接收"和"发送-接收"这两种数据帧碰撞情况进行分析。

（1）"接收-接收"碰撞。

传统的地面传感器网络，以电磁波作为通信载体[16]，其传播时延非常小，几乎

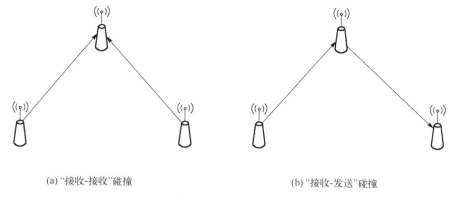

(a) "接收-接收" 碰撞　　　　　　　　　(b) "接收-发送" 碰撞

图 7.24　碰撞示意图

可以忽略，因此在研究时仅考虑发送时间的不同，认为只要发送节点发送数据帧的时间不同，到达接收节点处的时间也会不同(也可以认为数据帧到达接收节点的时间仅与发送数据帧的时间有关)，从而通过调度不同发送节点在不同的时间发送来避免这些帧在同一个节点处碰撞。但是，如图 7.25 所示，声信号在水下的传播延时较大，不可以忽略不计，水声信道被多个节点共享使用，即使多个邻居节点不在同一时间向同一个接收节点发送数据帧，也会因为其空间位置的不同，导致在接收节点处造成数据帧的碰撞，使接收节点无法正确接收数据帧。这种 "接收-接收" 碰撞是由水下环境中时间和空间的二维不确定性造成的。

　　水下环境的动态拓扑增加了 UASNs 的时空不确定性，因此在设计 MAC 协议的碰撞避免算法时，对网络拓扑中节点状态及移动性等实时情况进行掌握会减小数据帧发生碰撞的概率。

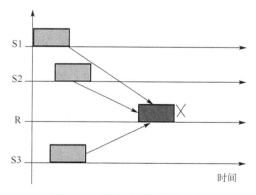

图 7.25　接收-接收碰撞示意

(2) "发送-接收" 碰撞。

由于成本原因，UASNs 节点通常工作在半双工模式，一个处在发送状态的节点无法接收数据, 反之亦然。如图 7.26 所示, 当发送节点 S 发送数据帧给它的邻居节点 R1 时, 假设它的邻居节点 R2 同时发送数据帧给节点 S, 此时会在节点 S 处发生 "发送-接收" 碰撞, 导致节点 R2 发送的数据帧无法被节点 S 成功接收。

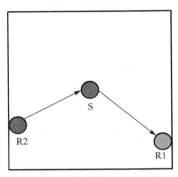

图 7.26　发送-接收碰撞示意图

为了保证数据可靠传输, 水声信道中数据帧碰撞后, 需要进行重新发送, 重传过程中会消耗额外的能量, 随着重传次数的增加, 其能量开销增大。重要的是, 过多的重传会加重网络负担, 进一步增加帧的碰撞。因此, 必须采用一定的碰撞避免机制减少信道中的碰撞。为了解决信道中的碰撞问题, 目前最常用的是采用 RTS/CTS 握手机制来避免信道中的碰撞。

传统基于握手的 MAC 协议, 虽然通过 RTS/CTS 等控制包的交互动态协调节点间的传输, 减少了数据的碰撞。但是在 UASNs 中所传输的优化后的数据帧大小为 100~200 个字节, 而 RTS/CTS 控制包的长度就有几十个字节, 相对于数据包帧来说, RTS/CTS 控制包的长度并不能忽略, 对于带宽窄、延时大的 UASNs 来说, RTS/CTS 握手机制的使用增加了端到端的延时, 降低了信道利用率和网络吞吐量。因此, 本节提出一种基于层级与状态感知的水下广播 MAC 协议, 能够在一定程度上避免传统的 RTS/CTS 握手机制带来的问题, 提高信道利用率和网络吞吐量, 减少了不必要的时间消耗及能量消耗。

7.2.2　基于邻居节点状态的碰撞避免机制

上一节较为详细地分析了 UASNs 中两种常见的碰撞。在提出的 LSPB-MAC 协议中, 为了避免以上两种碰撞, 当节点需要发送数据帧时, 首先查看邻居表中邻居节点的实时状态, 只有当本次发送不会干扰任何一个邻居节点已经进行的其他接收, 并且在那些预期的(路由意识的)下一跳候选转发节点中, 存在不在发送状态的节点时, 节点才会尝试发送一数据帧。这样就会在有效避免前述的 "接收-接收" 碰撞和 "发送-接收" 碰撞的同时, 提高信道利用率。

接下来基于分层的广播路由协议, 分析 LSPB-MAC 协议如何避免 "接收-接收"

碰撞和"发送-接收"碰撞。采用基于层级的广播路由协议时，数据帧总是沿着从高层级通过低层级最后到 sink 节点的路径传输。初始化阶段完成后每个节点都维护着一张动态邻居表，如表 7.2 所示，其中包括邻居节点的 ID、层级、状态信息等，状态字段记录了邻居节点的实时状态，邻居节点状态分为"发送状态"、"接收状态"、"未知"和"发送避免"状态。其中，"发送状态"是指邻居节点正在发送数据，用"0"表示；"接收状态"是指邻居节点正在接收数据或即将进行数据的接收，用"1"表示；而"未知状态"是指节点状态不清楚，也可能是空闲，用"2"表示；"发送避免"是指邻居节点完成数据的发送，进入发送避免阶段，用"3"表示。

以发送节点 S 为中心，层级值比节点 S 的层级值小 1 的邻居节点定义为节点 S 的上层邻居节点。在基于层级的路由协议中，节点发送数据，期望被它的上层邻居节点成功接收并转发。如图 7.27 所示，拓扑中的所有节点以广播的形式进行数据的转发，节点 S 广播的数据帧能够被它所有邻居节点（N0、N1、N2、N3、N4、N5）接收。当有邻居节点（图中 N1）已处于"接收状态"，即节点 N1 正在接收其他节点（N6）发送的数据帧，若此时发送节点 S 广播数据帧，则该帧会在该邻居节点 N1 处发生碰撞，导致该邻居节点 N1 无法正确接收其他节点发送的数据。因此，当节点 S 的邻居节点处于"接收状态"时，节点 S 不广播发送数据帧，才能够在很大程度上减少信道中的碰撞。

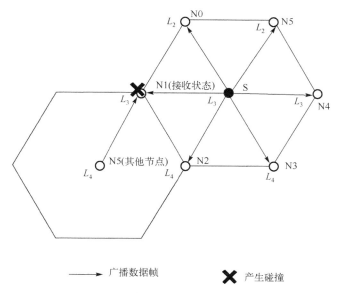

图 7.27　邻居"接收状态"碰撞

经以上分析可得，当所有邻居节点不在"接收状态"时，节点广播转发的数据帧不会产生碰撞。如图 7.28 所示，若节点 S 的邻居节点均不在"接收状态"，但上

层邻居节点 N0 和 N5 都处于"发送状态"正在发送数据，则上层邻居节点不会收到
S 广播的数据帧，导致数据帧传输失败。因此，除了其他邻居节点均不能处于"接
收状态"，还要考虑上层邻居节点的状态。上层邻居都处于"发送状态"时，发送节
点 S 不广播发送数据，避免数据帧传输失败而降低交付率。

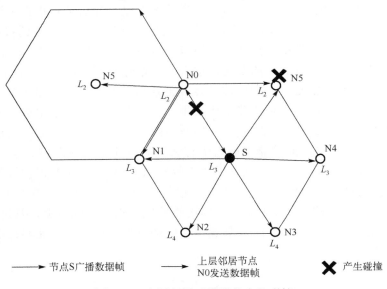

图 7.28　上层邻居"发送状态"碰撞

　　因此，综上分析得出，当节点有数据帧需要发送时，根据邻居节点的状态信息
决定是否进行数据帧的广播，只有满足该发送节点的所有邻居节点都不在"接收状
态"，并且上层邻居节点不都在"发送状态"时(即存在任意一个上层邻居节点的状
态为"未知"或"发送避免")，节点广播数据，才能在不牺牲交付率的前提下，最
大程度上避免数据碰撞。

7.2.3　网络拓扑

　　考虑到节点在水下具有移动性，为了使仿真结果更适应于拓扑动态变化的水下
环境，本节考虑的是 6.2.1 节中图 6.4 所示的三维水声传感器网络拓扑。该拓扑是由
水面上的 sink 节点和部署在水下的普通传感器节点构成。sink 节点配置有水声调制
解调器和 RF 调制解调器，sink 节点利用水声调制解调器和水下节点进行通信；利
用 RF 调制解调器与水面上的节点和水面中继站等进行射频通信。该协议仅考虑 sink
节点和水下节点之间的通信。如果源节点发出的一个数据帧能够被 sink 节点成功接
收，认为该数据帧成功传输。水下节点具有数据采集和相关处理技术，水下节点将
获取到的水下物理、生物现象以及声学信息等参数转换成电信号，通过 A/D 接口电

路变成数字信号后送给节点的处理器,节点的微处理器再将接收到的数据进行处理，并根据相关的网络协议对处理后的数据进行打包，然后以水声多跳方式传输至水面 sink 节点。

为了更好地研究 UASNs 中的数据转发问题，对该网络拓扑设定如下：①sink 节点部署在监测范围内的水面上，所有水下节点随机部署在三维区域中。②水下传感器节点具有相同的初始能量、发射功率、传输半径等。③每个水下节点的通信范围相等，都有可能成为接收节点和发送节点。

7.2.4　基于包链的传输机制

在 LSPB-MAC 协议中，为避免碰撞，减少重传，同时考虑到信道利用率和信道占用的公平性，基于以下规则实施信道访问控制：

(1)节点在一个数据传输阶段中最多允许传输一个数据包链,每个包链最多包含 N 个数据帧，从而避免了信道被一个节点长时间占用。

(2)同一个节点的两个数据传输阶段的最小间隔为 T_α，即当节点完成一个包链的传输后，节点进入发送避免阶段，发送避免的时间间隔为 T_α，T_α 应足够长，令

$$T_\alpha = 2\text{RTT} \tag{7.32}$$

其中，RTT 为数据帧的最大往返时延。

(3)每个包链包含多个数据帧，LSPB-MAC 会对每个包链中的数据帧编序，并按序号从大到小的顺序传输。

LSPB-MAC 协议采用包链的传输机制，当节点成功占用信道后，会将属于同个包链的所有帧进行传输。包链的组成如图 7.29 所示，一个包链由 N 个数据帧组成的，N 个数据帧的编号由大到小进行排序，称为帧序号。第一帧序号为 N，第二帧序号为 N−1，以此类推排序，最后一帧序号为 1。当某个节点有数据帧需要发送时，首先会在自身维护的邻居状态表中查看邻居节点的实时状态，当满足该发送节点的所有邻居节点都不在"接收状态"，并且上层邻居节点中存在任意一个节点状态为"未知"或"发送避免"，该节点才会广播发送数据。包链在信道中传输时，首先广播发送包链中的第一帧，每一个邻居节点收到第一帧后均须立即回应携带第一帧序列号的 ACK 帧给发送节点，发送节点收到来自任意一个上层邻居节点的 ACK 帧后，再将包链中剩余的 N−1 个帧先后广播发送出去，每一个上层邻居节点接收到包链中最后一帧后，立即回应携带包链中被正确接收的帧序列号的 ACK 帧给发送节点。发送节点根据帧序列号判断包链中的数据帧是否被完整接收，将没有接收成功的数据帧重传，形成一个子包链后继续转发，直至传输成功或重传次数超限而失败。具体的数据传输过程如图 7.30 所示。

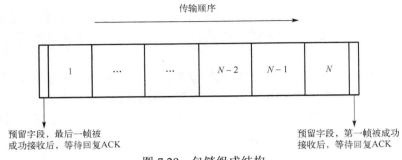

图 7.29 包链组成结构

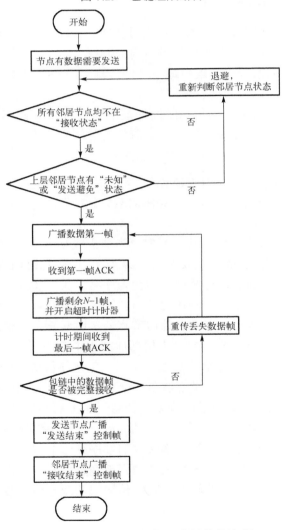

图 7.30 LSPB-MAC 协议数据传输流程

　　每个数据帧的格式如表 2.1 所示，其中，帧序号用于标记该数据帧在包链中的顺序号，立即确认字段用于表示接收节点是否立即回应 ACK 帧，"0"表示暂不回应，"1"表示立即回应。本节提出的协议中，需要对包链中的第一帧和最后一帧立即回复。

7.2.5　邻居节点状态获取

　　采用 LSPB-MAC 协议的节点基于邻居节点的状态决定是否广播发送包链。在 UASNs 中，邻居节点的状态会随着数据的传输而动态变化，因此，采用 LSPB-MAC 协议的节点首先需要获取邻居节点的实时状态。

　　为了便于邻居节点获取实时状态，当听到包链中的第一帧时，每一个听到的节点须立即向发送节点回复一个 ACK 帧，ACK 帧的部分信息如表 7.4 所示。可以看出，ACK 帧类型字段值为"01"，表示发出该帧的节点进入接收状态。

表 7.4　ACK 帧信息

比特	8	8	8	2	6
字段	发送节点 ID	发送节点层级	接收节点 ID	帧类型 01: ACK	确认的帧序号

　　当发送节点成功地传输了一个包链中所有的数据帧时，也就是说，该发送节点收到一个来自其上层邻居的 ACK 帧，确认了包链中所有帧都被成功接收之后，该发送节点发送一个帧类型字段为"10"控制帧，指示发送结束并进入到发送避免阶段。收到该控制帧的每一个邻居节点发送一个帧类型字段为"11"控制帧，指示接收结束。

　　从以上传输机制不难看出，节点通过侦听就可以得到其邻居节点的实时状态。例如，当听到一个帧类型字段为"00"的数据帧，且该帧序号大于 1 时，则发出该数据帧的这个邻居节点的状态为"发送"；当听到一个帧类型字段为"01"的 ACK 帧，且确认的帧序号大于 1 时，则发出该 ACK 的节点状态为"接收"；当听到一个帧类型字段为"10"的控制帧时，则这帧的发送节点状态为"发送避免"；当听到一个帧类型字段为"11"的控制帧时，则这帧的发送节点状态为"从接收转换为未知"。获取邻居节点的状态的伪代码如下：

```
算法：获取邻居节点状态信息。
输入：侦听到来自邻居节点的帧
输出：更新邻居表中邻居节点的状态
upon    侦听到一帧    do
    if （该帧类型字段值为"00"）then
        if （帧序列号>1）then
更新邻居表，将该帧的发送节点的状态字段设置为"0"；
```

// 表示该节点正要发送包链中剩余的帧
else（帧序列号=1）then
　　　更新邻居表，将该帧的发送节点的状态字段设置为"1"；
//表示节点已准备接收数据
　else if（该帧类型字段值为"01"）&（帧序列号>1）then
　　更新邻居表，发送该 ACK 帧的邻居节点状态设置为"1"；
// 表示该邻居节点准备接收剩余的数据帧
　else if（该帧类型字段值为"10"）then
　　更新邻居表，发送该控制帧的邻居节点状态设置为"3"；
// 表示邻居节点发送了一个发送结束控制帧，进入到发送避免状态
　else（该帧类型字段值为"11"）then
更新邻居表，将该帧的发送节点的状态字段设置为"2"。
// 表示邻居节点结束数据接收，节点处于未知或空闲状态
　endif
endupon

7.2.6　基于传播时延的超时计时器设置

采用 LSPB-MAC 协议发送包链时，当节点发送一个包链中序号最大或最小的帧之后，发送节点启动超时计时器，在该计时器期满之前等待接收相应的 ACK 帧，并根据收到的 ACK 帧判断传输过程中是否有数据帧丢失。

在该协议中，假设所有节点具有相同的通信范围为 R，声信号在水中传播的速度为 V，因此，数据最大传播延时可以计算为 $T_{max} = R/V$。节点传输一个数据帧的完整传输过程所需要的最大时间假设为一个传输周期，包括数据帧传输直到收到接收节点回复的 ACK 帧，如图 7.31 所示。

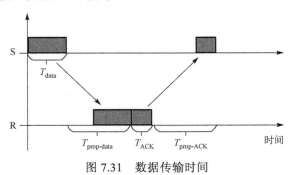

图 7.31　数据传输时间

发送节点广播数据帧所需时间包括数据帧的传输时延 T_{data} 及传播时延 $T_{prop-data}$；接收节点回应 ACK 帧所需的时间包括 ACK 帧的传输时延 T_{ACK} 及传播时延 $T_{prop-ACK}$。假设节点 S 为发送节点，节点 R 为发送节点的上层邻居节点。节点 S 将数据帧

发送出去，直到接收节点 R 收到该帧所需的时间是数据的传输时延与传播时延之和。

发送节点 S 广播数据的同时开启自己的超时计时器，并侦听在计时期间是否收到节点 R 回应的 ACK 帧。若在自己的计时器未到期时收到节点 R 回应的 ACK 帧，且 ACK 帧中携带节点 S 所传输的所有数据帧序号时，则表示数据传输成功。否则，需要重传。超时计时器时间应该设置得足够大，保证发送节点能够成功接收到上层邻居节点回应的 ACK 帧，此处数据的传播时延设置为最大传播时延。因此，基于最大传播时延的超时计时器设置可以用数学表达式表示，即

$$T_{\text{timer}} = T_{\text{data}} + T_{\text{max}} + T_{\text{ACK}} + T_{\text{max}} \tag{7.33}$$

将超时计时器 T_{timer} 进一步表示为

$$T_{\text{timer}} = T_{\text{data}} + T_{\text{ACK}} + 2T_{\text{max}} \tag{7.34}$$

7.2.7 协议性能分析

假设网络布局如图 7.32 所示，发送节点 S 总共有 N 个邻居节点，其中有 M 个上层邻居节点，$M = 2$（分别为 N0、N5）。假设 M 个上层邻居节点中存在 K 个节点满足状态为"未知"或"发送避免"，且 $1 \leqslant K \leqslant M$。所有节点数据产生服从参数为 λ 的泊松分布。

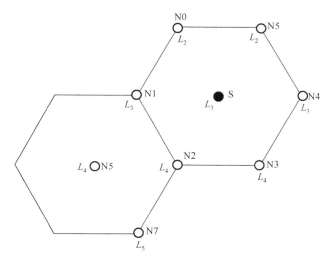

图 7.32 网络布局图

信道利用率是评估 MAC 协议性能非常重要的参数，信道利用率是传输有效数据帧的时间 T_s 与总时间 T_T 的比值，即

$$U = \frac{T_s}{T_T} \tag{7.35}$$

总时间 T_T 包括数据在信道中传输失败的时间 T_{fail}、节点完成一个包链的传输进入发送避免阶段的退避时间 T_{defer}、数据传输成功的时间 T_s 以及信道空闲时间 T_{idle}。

在 LSPB-MAC 协议中，当发送节点完成对邻居节点层级的判断并满足转发条件后，即所有邻居节点不在"接收状态"，并且存在任意上层邻居节点状态为"未知"或者"发送避免"，发送节点会广播发送数据的第一帧数据帧给它的邻居节点。假设发送节点 S 广播数据帧到各个邻居节点所用的时间为 T，即

$$T = T_{\text{max}} + T_{\text{data}} \tag{7.36}$$

其中，T_{max} 表示节点 S 与它的邻居节点间的最大传播延时，T_{data} 表示数据帧的传输延时。

LSPB-MAC 协议中数据传输成功需要分为两部分考虑，第一部分是数据第一帧数据帧成功广播；第二部分是收到任意上层邻居节点回应数据第一帧的 ACK 帧，将剩余的 $N-1$ 帧全部广播，并在计时期间内侦听上层邻居节点回应最后一帧的 ACK 帧，若 ACK 帧携带的帧序号中没有缺失，则表明数据转发成功。假设节点 S 在 $T_0 = 0$ 时刻开始广播数据第一帧数据帧，则在数据帧的广播过程中会存在以下两种发生碰撞的可能。

若发送节点 S 的邻居节点在 T 时间内存在"接收状态"，即该邻居节点正在接收其他节点发的数据帧，此时发送节点广播的数据帧会影响到该节点的接收。因此，发送节点的邻居节点在 T 时间内不会由"未知"、"发送避免"或"发送状态"切换为"接收状态"的概率，即

$$P(N(T) = 0) = \prod_{n=1}^{N} \cdot \prod_{n=1}^{Q=2} \frac{(\lambda T)^0 e^{-\lambda T}}{N(T)!} = \prod_{n=1}^{N} \cdot \prod_{n=1}^{Q=2} \frac{(\lambda T)^0 e^{-\lambda T}}{0!} = e^{-2\lambda T N} \tag{7.37}$$

其中，Q 为节点 S 的任意一个邻居节点的邻居节点(该节点与节点 S 互为隐藏终端)的数量。

若存在任意一个上层邻居节点在 T 时间内状态由"未知"或"发送避免"切换为"发送状态"，此时该节点发送的数据帧就会与发送节点广播的数据帧造成信道中的碰撞；则上层邻居节点在 T 时间内不会由"未知"或"发送避免"状态切换为"发送状态"的概率(即所有上层邻居节点在 T 时间内都不发送数据第一帧数据帧的概率)为

$$P(N(T) = 0) = C_K^1 \cdot \frac{(\lambda T)^0 e^{-\lambda T}}{N(T)!} = K e^{-\lambda T} \tag{7.38}$$

定义 P_s 为在信道中广播数据帧时没有碰撞的概率，即在 T 时间内所有邻居节点

状态没有从"未知"、"发送避免"或"发送状态"切换为"接收状态",并且上层邻居节点的状态没有由"未知"或"发送避免"状态切换为"发送状态",因此,信道中数据帧发送成功的概率,即

$$P_s = \mathrm{e}^{-2\lambda TN} \cdot K\mathrm{e}^{-\lambda T} \tag{7.39}$$

数据帧传输成功后,节点 S 将包链中剩余的 $N-1$ 帧全部广播发送并开启超时计时器,在计时期间内侦听上层邻居节点是否回复最后一帧的 ACK 帧,若计时期间没有侦听到任意一个上层邻居节点回复 ACK 帧,则表示数据在信道中发生碰撞没有传输成功。在给定误码率(BER)的情况下,传输包含 L 比特数据帧出现错误的概率,即

$$P_u = 1 - (1 - \mathrm{BER})^L \approx L \cdot \mathrm{BER} \tag{7.40}$$

数据传输失败是指节点 S 将数据广播后在计时期间内没有侦听到任意一个上层邻居节点回复 ACK 帧,因此在这段时间内数据传输失败的时间 T_{fail} 为

$$T_{\mathrm{fail}} = T_{\mathrm{timer}} \cdot (1 - P_s) \tag{7.41}$$

其中, T_{timer} 为设置的超时计时时间(即侦听的时间)。

发送节点收到上层邻居节点回复的最后一帧的 ACK 帧,并根据 ACK 帧中携带的帧序号判断所传输包链中的数据帧是否被上层邻居节点正确接收,若 ACK 携带的帧序号中有缺失,则说明缺失序号对应的数据帧丢失,需要重传。假设在信道中传输包链中 $N-1$ 帧的时间为 $T_{r\text{-data}}$,其包括传输 $N-1$ 帧的传播时延及传输时延。那么从节点开始发送数据包链到侦听到上层邻居节点回复 ACK 帧的时间 T_r 为

$$T_r = (T_{r\text{-data}} + T_{\mathrm{ACK}}) \cdot \sum_{N=1}^{\infty} N \cdot P_u^{N-1}(1 - P_u) = \frac{T_{r\text{-data}} + T_{\mathrm{ACK}}}{1 - P_u} \tag{7.42}$$

其中, N 为重传的次数, T_{ACK} 为侦听到任意一个上层邻居节点发送 ACK 所需要的传播时间与传输时延之和,数据重传至传输成功的整个过程中总时间和 T_{sum} 为

$$T_{\mathrm{sum}} = T + T_{\mathrm{ACK}} + T_r = T + T_{\mathrm{ACK}} + \frac{T_{rd\text{-data}} + T_{\mathrm{ACK}}}{1 - P_u} \tag{7.43}$$

其中, T 为广播 data 帧所需要的传输时延与传播时延。因此,数据在信道中成功传输的时间 T_s 为

$$T_s = P_s \cdot T_{\mathrm{sum}} \tag{7.44}$$

当节点完成一个包链的传输时,该节点进入发送避免阶段,发送避免的时间(即退避时间)设置为 T_α,则退避时间 T_{defer} 为

$$T_{\mathrm{defer}} = T_\alpha \cdot (1 - P_u) = 2\mathrm{RTT} \cdot (1 - P_u) \tag{7.45}$$

信道中的空闲时间 T_{idle} 为

$$T_{\text{idle}} = \frac{1}{(N+1)\lambda} \tag{7.46}$$

其中，每个节点平均每 $1/\lambda$ 秒产生一个帧。由式 (7.35) 可以得出信道利用率为

$$U = \frac{T_s}{T_{\text{fail}} + T_s + T_{\text{idle}} + T_{\text{defer}}} \tag{7.47}$$

其中，T_s 为传输有效数据帧的时间，即在信道中成功传输数据帧的时间；$T_{\text{fail}} + T_s + T_{\text{idle}} + T_{\text{defer}}$ 为数据在信道中传输的总时间。

因此可以得出，成功传输数据帧的时间在整个数据传输过程中所占的比重越大时，其信道利用率也越高，信道利用率与传输有效数据的时间呈正相关。而传输数据的有效时间与数据成功传输的概率有关，即与接收节点的状态有直接关系。该协议对接收节点状态进行判断，很大程度上避免了隐藏终端问题，减少了信道中的碰撞，从而提高了信道利用率。

7.2.8　协议仿真分析

1. 仿真场景设置与性能指标

LSPB-MAC 协议采用 NS3 进行仿真实验，采用的拓扑结构由一个 sink 节点和随机部署在 2500m×1500m×1500m 的三维区域中的水下节点组成。部署在水下的节点数分别为 20、30、40、50、60、70、80 个。节点间通信的最大范围是 1500m。仿真时传输的数据以包链的形式，数据量大小设置为 2000 字节。仿真时间为 500s。仿真中所有节点的能量初始值设置为 1000J。水下节点发送数据功率为 0.1W，接收数据功率为 0.05W。为了使仿真结果更准确，各组实验在仿真参数相同的情况下进行 15 次，再将 15 次的仿真结果求平均值作为最终数据。

在仿真实验过程中考虑的性能指标主要有网络吞吐量、数据包交付率、网络总能耗以及端到端延时等，以下是对 LSPB-MAC 协议需要考虑的性能指标进行定义。

(1) 网络吞吐量。

网络吞吐量定义为在 500s 仿真时间内 sink 节点成功接收到有效数据帧的数量。

(2) 数据包交付率。

数据包交付率 (PDR) 作为衡量 MAC 协议的重要指标，定义为部署于水面上的 sink 节点成功接收到有效数据帧的数量 P_{success} 与水下源节点所产生数据帧总数 P_{total} 的比值，即

$$\text{PDR} = \frac{P_{\text{success}}}{P_{\text{total}}} \tag{7.48}$$

(3) 网络总能耗。

网络总能耗 E_{total} 定义为在 500s 仿真时间内网络中的所有节点消耗的总能量。节

点的总能耗是通过节点的能量初始值 E_{initial} 与节点的剩余能量 E_{residue} 做差计算得出，即

$$E_{\text{total}} = E_{\text{initial}} - E_{\text{residue}} \tag{7.49}$$

（4）端到端延时。

端到端延时定义为数据帧从源节点发出到 sink 节点成功接收需要的时间。计算端到端延时为源节点发送数据帧的时间与 sink 节点收到数据帧的时间的差值。

2. 节点数量对网络性能的影响

本节通过在仿真实验中设置不同的水下节点数研究节点数量对 LSPB-MAC 协议网络吞吐量、网络总能耗、端到端延时和数据包交付率等性能的影响。仿真过程中传输的数据量大小为 2000 字节，传输数据时使用包链的形式。在仿真环境中设置的水下节点数分别为 20、30、40、50、60、70、80 个。

图 7.33 为节点数量对 LSPB-MAC 协议网络吞吐量的影响。本组实验呈现的是网络吞吐量随着节点数量增加的变化趋势。LSPB-MAC 协议基于节点的层级和状态信息决定数据帧是否转发，目的是在一定程度上减少数据帧的碰撞。可以看出，在数据率固定的条件下，随着水下节点数量的增加，网络吞吐量并没有明显的升降趋势，维持在 25 左右，因此，节点数量对网络吞吐量的影响不大。

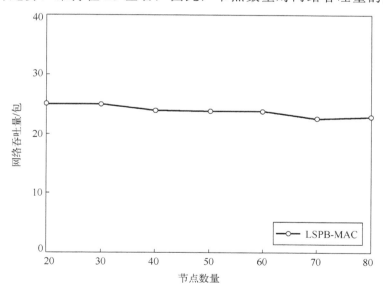

图 7.33 节点数量对 LSPB-MAC 网络吞吐量的影响

图 7.34 为节点数量对 LSPB-MAC 协议网络总能耗的影响，该组仿真实验呈现的是网络中所有节点的总能耗随节点数量增加而变化的趋势。可以看出，网络中的

总能耗会随着节点数量的增加呈现逐渐上升趋势，这是由于网络中总能耗是每个节点的能耗之和，节点数越多，总能耗也就越大。

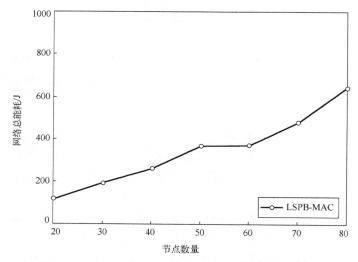

图 7.34　节点数量对 LSPB-MAC 网络总能耗的影响

图 7.35 为节点数量对 LSPB-MAC 协议端到端延时的影响。本组仿真实验中，LSPB-MAC 协议的端到端延时整体比较稳定，处于 70s 左右，但随着节点数量的增加有缓缓下降的趋势，是由于 LSPB-MAC 协议中，随着水下节点数量的增加，仿真环境中节点的密度就相应增大,密度增加后发送节点可选择的上层邻居节点数变多，数据帧可以通过更优的路径到 sink 节点，进而使端到端延时有缓缓下降的趋势。

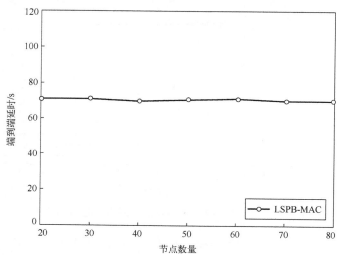

图 7.35　节点数量对 LSPB-MAC 端到端延时的影响

　　图 7.36 为节点数量对 LSPB-MAC 协议数据包交付率的影响。可以看出，总体来说 LSPB-MAC 协议的数据包交付率还是比较高的，因为在本组仿真实验中传输的是包链。图中的曲线整体上有缓缓下降趋势，这是由于 LSPB-MAC 协议虽然在很大程度上减少了信道中的碰撞，但随着节点数量的增加，相对于节点少的网络碰撞的概率增加，一小部分数据帧传输失败，数据包交付率有所下降。但节点数量对数据包交付率的影响并不大。

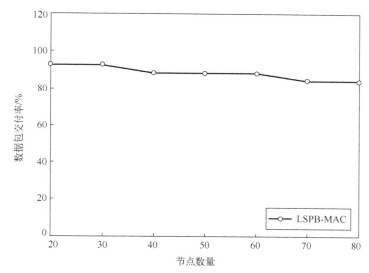

图 7.36　节点数量对 LSPB-MAC 数据包交付率的影响

3.　数据率对网络性能的影响

　　LSPB-MAC 协议中传输的是包链，数据率定义为每秒产生的数据帧数。本节通过设置不同的数据率来研究数据率对 LSPB-MAC 协议数据包交付率、吞吐量和网络总额能耗等性能的影响。在本节仿真实验环境中随机部署了 20 个水下节点。

　　图 7.37 为数据率对 LSPB-MAC 协议数据包交付率的影响。可以看出，随着数据率的增加，数据包交付率曲线呈下降趋势，这是由于在一定的仿真时间内数据率越大，网络负载也越大，数据帧发生碰撞的概率增加，所以 sink 节点成功接收到的数据帧相应减少，导致数据包交付率逐渐下降。

　　图 7.38 为数据率对 LSPB-MAC 协议网络吞吐量的影响。本组仿真实验呈现了网络吞吐量随着数据率的增加的变化趋势。可以看出，LSPB-MAC 协议网络吞吐量整体上随着数据率的增加而增加。这是由于数据率越大，在一定的仿真时间内产生的数据越多，网络负载越大。网络中负载越大时，发生碰撞的可能性也越大，网络的吞吐量就开始下降。图 7.38 的曲线变化主要分为两种变化趋势，第一种是上升趋

势，数据率为 0.03～0.15 时，网络吞吐量呈均匀上升趋势；第二种是在 0.15～0.19，网络吞吐量呈现下降趋势。可以分析出，当数据率取值为 0.15 时，网络吞吐量最高。

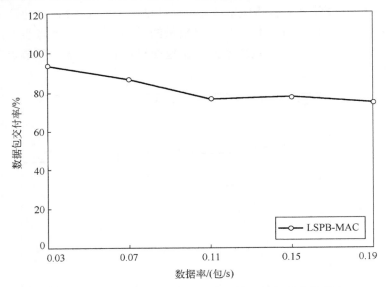

图 7.37　数据率对 LSPB-MAC 协议数据包交付率的影响

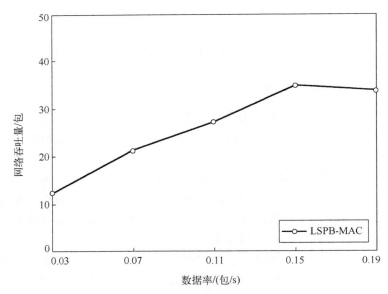

图 7.38　数据率对 LSPB-MAC 协议网络吞吐量的影响

图 7.39 为数据率对 LSPB-MAC 协议网络总能耗的影响。可以看出，网络中的总能耗随着数据率的增加而增加，这是由于在一定的仿真时间内数据率越大，网络

负载就越大，网络需要传输的数据量越多，网络的总能耗越大。因此，网络中的总能耗会随着数据率的增加而增加。

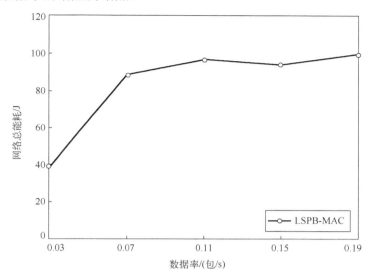

图 7.39　数据率对 LSPB-MAC 协议网络总能耗的影响

4. 性能对比与分析

本节在仿真实验中通过改变节点数量和发包间隔对两种水下广播 MAC 协议——ALOHA 协议和 LSPB-MAC 协议的网络总能耗、端到端延时和数据包交付率等性能进行对比分析。网络中部署的水下节点数量分别为 20、30、40、50、60、70 个，数据帧大小为 134 字节。

图 7.40 为不同节点数下 ALOHA 协议和 LSPB-MAC 协议的网络总能耗的结果对比。可以看出，两种协议的网络总能耗都是随着节点数的增加而增加。在 ALOHA 协议中，发送节点有数据发送时，不需要任何调度机制，数据碰撞严重，碰撞后需要进行重传，大量的重传使得能量消耗更大。而 LSPB-MAC 协议采用基于节点层级与状态的碰撞避免机制，在很大程度上减少了数据碰撞，能量消耗更小。因此，不同节点数下的 LSPB-MAC 协议的总能耗均小于 ALOHA 协议的总能耗。

图 7.41 为不同节点数下 ALOHA 协议和 LSPB-MAC 协议的数据包交付率的实验结果对比。可以看出，LSPB-MAC 协议的数据包交付率明显高于 ALOHA 协议，LSPB-MAC 协议在转发数据包时会在节点层级的基础上判断邻居节点的状态是否能够进行转发，基于邻居节点状态发送的碰撞避免机制提高了数据包的交付率。而 ALOHA 协议有数据发送时不采用任何碰撞避免机制，随机性导致的数据碰撞率很大，因此交付率不如 LSPB-MAC 协议。

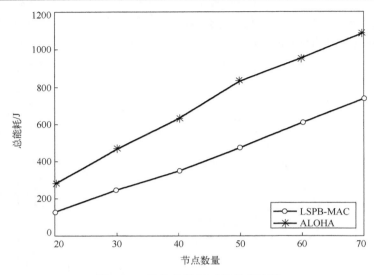

图 7.40　网络总能耗对比仿真实验

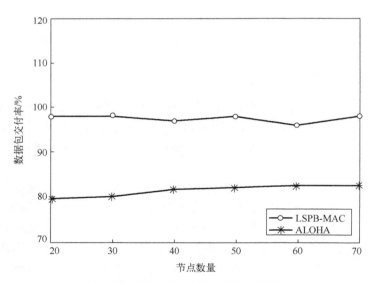

图 7.41　数据包交付率对比仿真实验

图 7.42 为在不同节点数下 ALOHA 协议和 LSPB-MAC 协议端到端延时的实验结果对比。可以看出，两种协议的端到端延时会随着节点数量的增加而缓慢减小，这是由于在拓扑不变的情况下，节点数的增加使得节点密度增加，密度增加后发送节点可选择的上层邻居节点数变多，数据帧可以通过更优的路径到 sink 节点，进而使端到端的延时减小。可以明显看出，LSPB-MAC 协议在端到端延时方面比 ALOHA协议更具有优势。

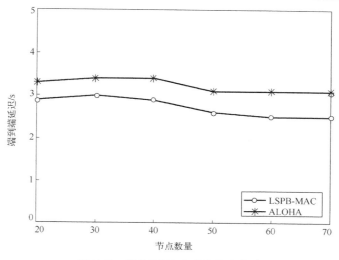

图 7.42 端到端延时对比仿真实验

图 7.43 为仿真实验中通过取值不同发包间隔对 ALOHA 协议和 LSPB-MAC 协议在网络总能耗方面的性能进行对比分析。分析可得，两种协议的网络总能耗均随发包间隔的增大而减小，这是由于发包间隔越大，发包次数越少，消耗的能量也就越少。可以明显看出，LSPB-MAC 协议在取相同发包间隔的情况下，其网络总能耗要比 ALOHA 协议消耗的能耗更小，这也是由于 ALOHA 协议碰撞严重，重传较多造成的。因此，LSPB-MAC 协议在网络总能耗性能方面的表现要比 ALOHA协议更好。

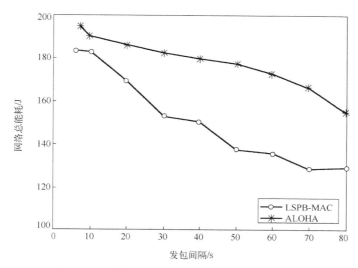

图 7.43 发包间隔对网络总能耗对比仿真实验

　　图 7.44 表示在不同发包间隔下 ALOHA 协议和 LSPB-MAC 协议在网络吞吐量方面的仿真结果对比。可以看出，LSPB-MAC 协议在取不同包间隔时的整体网络吞吐量要高于 ALOHA 协议。ALOHA 协议在发包间隔为 20s 的吞吐量最高，而 LSPB-MAC 协议在发包间隔为 10s 时的吞吐量最高。在相同的仿真环境下，LSPB-MAC 协议的性能要优于 ALOHA 协议。

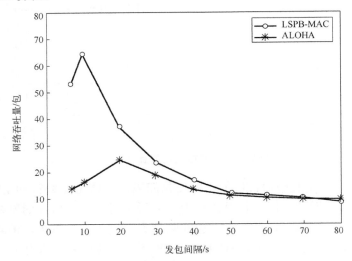

图 7.44　发包间隔对网络吞吐量对比仿真实验

　　本节提出的 LSPB-MAC 协议解决了水下广播路由传输使用随机访问 MAC 机制导致的较大碰撞问题。LSPB-MAC 协议在不使用握手机制的基础上，通过感知邻居节点的状态，进一步基于邻居节点状态进行数据传输，有效地避免了 UASNs 广播的"接收-接收"碰撞和"发送-接收"碰撞问题，同时提高了带宽资源紧缺的水声信道利用率。LSPB-MAC 协议可直接为基于分层的广播路由提供信道接入控制，也可以稍经修改后为其他广播路由提供共享信道访问控制。

　　基于 NS3 平台对 LSPB-MAC 协议进行了大量的仿真实验，并与 ALOHA 协议进行了性能对比。理论分析与仿真实验表明，LSPB-MAC 协议能够有效地避免数据的碰撞，提高了水声信道使用率和网络吞吐量，降低了能量消耗和端到端延时。

参 考 文 献

[1]　Jiang S. State-of-the-art medium access control（MAC）protocols for underwater acoustic networks: a survey based on a MAC reference model[J]. IEEE Communications Surveys and Tutorials, 2017, 20（1）: 96-131.

[2]　Ye X, Yu Y, Fu L. Deep reinforcement learning based MAC protocol for underwater acoustic

networks[J]. IEEE Transactions on Mobile Computing, 2022, 21 (5): 1625-1638.

[3]　Su Y S, Dong L J, Yang Q L. DCN-MAC: dynamic channel negotiation MAC mechanism for underwater acoustic sensor networks[J]. Sensors, 2020, 20 (2): 406-424.

[4]　Guqhaiman A A, Akanbi O, Aljaedi A, et al. A survey on mac protocol approaches for underwater wireless sensor networks [J]. IEEE Sensors Journal, 2020, 21 (3): 3916-3932.

[5]　Ahmed F, Cho H S. QLST-MAC: Q learning based spatial-temporal MAC scheduling for underwater acoustic sensor networks[C]// KICS, 2020.

[6]　Alfouzan F A. Energy-efficient collision avoidance MAC protocols for underwater sensor networks: survey and challenges[J]. Journal of Marine Science and Engineering, 2021, 9 (7): 741.

[7]　Molins M. Slotted FAMA: a MAC protocol for underwater acoustic networks[C]//OCEANS 2006, Singapore, 2006: 1-7.

[8]　Roy A, Sarma N. RPCP-MAC: receiver preambling with channel polling MAC protocol for underwater wireless sensor networks[J]. International Journal of Communication Systems, 2020, 33: 1-25.

[9]　Zhang W, Wang X, Han G, et al. A load-adaptive fair access protocol for MAC in underwater acoustic sensor networks[J]. Journal of Network and Computer Applications, 2021, 173: 102867.

[10]　Alfouzan F A, Shahrabi A, Ghoreyshi S M, et al. A collision-free graph coloring MAC protocol for underwater sensor networks[J]. IEEE Access, 2019, 7 (99): 39862-39878.

[11]　Liao W H, Huang C C. SF-MAC: a spatially fair MAC protocol for underwater acoustic sensor networks[J]. IEEE Sensors Journal, 2012, 12 (6): 1686-1694.

[12]　Zhu J, Du X, Han D, et al. LEER: layer-based and energy-efficient routing protocol for underwater sensor network[C]//ADHOCNETS, 2019: 26-39.

[13]　Alfouzan F A, Shahrabi A, Ghoreyshi S M, et al. A collision-free graph coloring MAC protocol for underwater sensor networks[J]. IEEE Access, 2019: 39862-39878.

[14]　Noh Y, Shin S. Survey on MAC protocols in underwater acoustic sensor networks[C]// Proceedings of the 14th International Symposium on Communications and Information Technologies, Incheon, 2014: 80-84.

[15]　Sun N, Wang X, Han G, et al. Collision-free and low delay MAC protocol based on multi-level quorum system in underwater wireless sensor networks[J]. Computer Communications, 2021, 173: 56-69.

[16]　Liu X, Du X, Li M, et al. A MAC protocol of concurrent scheduling based on spatial-temporal uncertainty for underwater sensor networks[J]. Journal of Sensors, 2021: 1-15.

第8章　协议栈测试及试验床监测应用

8.1　湖试试验床

　　该试验床搭建在青海湖二郎剑景区。试验床由实现 UASNs 通信及管理的软硬件组成，硬件包含一个 LTE RF 调制解调器、一个远程服务器和五套节点。每套节点由智能浮标、能源系统、GPS 模块、微控制器、OFDM 调制解调器和 CTD 传感器组成。软件包含 MicroANP 协议栈和可视化管理系统[1,2]。试验床现场及主要硬件设备如图 8.1 所示。

图 8.1　试验床现场及主要硬件设备

1. 试验床硬件

　　图 8.1 顶部的小图片是试验床的主要设备[3]，从左到右依次为微控制器、CTD 传感器、OFDM 水声调制解调器、智能浮标、太阳能板、节点放置点。微控制器用于控制 OFDM 水声调制解调器和 CTD，向 OFDM 水声调制解调器和 CTD 发送指令，如获取数据、启动程序等。CTD 传感器和 OFDM 水声调制解调器均部署在水下。CTD 传感器用来获得水环境信息，如电导率、温度、深度。OFDM 水声调制解调器用来在节点间进行水声通信，传输 CTD 感知的数据[4]。CTD 感知的数据经过 OFDM 水声调制解调器多跳传输，最终到达配备 LTE 4G RF 模块的 sink 节点。sink 节点通过互联网将 CTD 感知的数据进一步传输至实验室服务器，实现实时在线的可视化查看和访问。浮标用于挂载 CTD 传感器、OFDM 水声调制解调器、太阳能板。太阳

能板用于给 CTD 传感器、OFDM 水声调制解调器和微控制器供电。节点的硬件架构如图 8.2 所示，在图 8.2 中，仅 sink 节点配备了 LTE RF 调制解调器，sink 节点作为网关将 UASNs 连接到互联网。

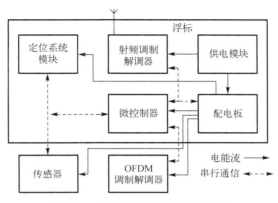

图 8.2　试验床节点的硬件架构图

2. 试验床软件

软件是指运行于每个节点的协议栈程序。在水声传感器网络试验床中，每个节点运行着为 UASNs 定制开发的 MicroANP 协议栈，节点通过微控制器驱动程序，并通过 OFDM 调制解调器交互，节点软件架构如图 8.3 所示。

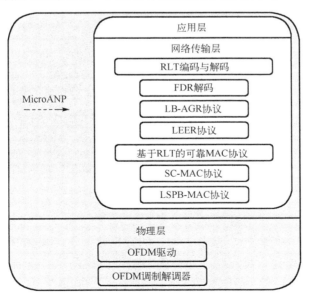

图 8.3　试验床节点的软件架构图

8.2　协议栈测试

青海湖试验环境比较恶劣，如风浪大、天气多变等，为了安全顺利地完成试验，试验选址在位于青海湖水域东南侧的二郎剑景区内。二郎剑景区具备了试验场地、试验所需船只的条件，同时能够保证试验人员与设备的安全。

8.2.1　试验床搭建及参数设置

根据试验需求和实际环境，本次试验床由五套节点、一台远程服务器主机和两艘快艇搭建而成。每套节点包括树莓派微型电脑、OFDM 水声调制解调器、一部手机、蓄电池、电缆线和充电宝，其中手机用于控制树莓派微型电脑以启动程序，蓄电池和充电宝分别用于给 OFDM 水声调制解调器和树莓派微型电脑供电。图 8.4 为单个节点设备间连接图，其中 OFDM 水声调制解调器使用电缆(图 3.7)的②号端口与树莓派微型电脑的③号接口(图 3.14)经 ZE551A 转接头进行连接，电缆(图 3.7)的①号端口连接到蓄电池的正负极给 OFDM 水声调制解调器供电。图 8.5 为试验床搭建完成后的试验情景。

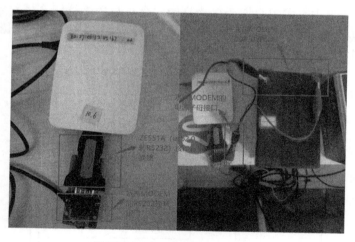

图 8.4　单个节点设备间连接图

本次试验使用的节点的编号分别为 1 号、65 号、5 号、36 号、8 号，其中，1号是 sink 节点，65 号是源节点。源节点发送的数据是大小为 4.4KB、11.2KB 和 11.3KB的图片。试验床搭建前，将试验人员分为四组，其中两组负责布放在码头的节点，两组乘游艇将 OFDM 水声调制解调器部署在距码头 1km 左右的湖内，布放深度大约为 5m，其他设备放置于游艇。每组配备了一部装有 SSH 应用程序的电脑或手机，

(a)岸上节点控制图　　　　　　　　　　　　(b)母船节点控制图

图 8.5　试验情景

用于登录树莓派微型电脑启动程序并查看通信的整个进程状态。此外，为了后续准确方便地统计试验结果和分析试验中遇到的相关问题，将每个节点的发送、接收等过程以日志的形式存储于树莓派微型电脑，图 8.6～图 8.8 为节点存储的接收、转发的日志记录。

```
2021-09-21 13:04:34
++++receive data=
2021-09-21 13:04:34
----sender_level=1
----sender_id=5
----receiver_id=1
----type=0
----frame_number=4
----ack=0
----block=1
----block_size=22
----block_id=1
----org1=9
----org2=18
----org3=10
----org4=3
----application_type=0
----nodeid_or_position=1
---- nodeid=65
----direction=1
```

图 8.6　1 号节点收到 sink 节点回复的 ACK

　　图 8.6 中，sender_id=5，表示发送节点是 5 号；receiver_id=1，表示接收节点是 1 号；frame_type=0，表示该包是数据包；frame_number=4，表示该数据包的包序号是 4。综合以上信息可以得到，该包是由 5 号节点发送给 1 号节点的包序号为 4 的编码包。图 8.7 中，sender_id=1，表示发送节点是 1 号；receiver_id=5，表示接收节点是 5 号；frame_type=1，表示该包是 ACK 包；block_size=22，表示本轮传输的原始数据包的数量是 22。根据图 8.7 上半部分的信息可以得出，1 号节点收到来自 5 号节点的原始数据包的序号为 0～21，共 22 个原始数据包，标志着 1 号节点完全成功接收本轮传输的数据包。

```
------------------receive_up_data_to_sender_all_ack_frame--received org index = 0
------------------receive_up_data_to_sender_all_ack_frame--received org index = 1
------------------receive_up_data_to_sender_all_ack_frame--received org index = 2
------------------receive_up_data_to_sender_all_ack_frame--received org index = 3
------------------receive_up_data_to_sender_all_ack_frame--received org index = 4
------------------receive_up_data_to_sender_all_ack_frame--received org index = 5
------------------receive_up_data_to_sender_all_ack_frame--received org index = 6
------------------receive_up_data_to_sender_all_ack_frame--received org index = 7
------------------receive_up_data_to_sender_all_ack_frame--received org index = 8
------------------receive_up_data_to_sender_all_ack_frame--received org index = 9
------------------receive_up_data_to_sender_all_ack_frame--received org index = 10
------------------receive_up_data_to_sender_all_ack_frame--received org index = 11
------------------receive_up_data_to_sender_all_ack_frame--received org index = 12
------------------receive_up_data_to_sender_all_ack_frame--received org index = 13
------------------receive_up_data_to_sender_all_ack_frame--received org index = 14
------------------receive_up_data_to_sender_all_ack_frame--received org index = 15
------------------receive_up_data_to_sender_all_ack_frame--received org index = 16
------------------receive_up_data_to_sender_all_ack_frame--received org index = 17
------------------receive_up_data_to_sender_all_ack_frame--received org index = 18
------------------receive_up_data_to_sender_all_ack_frame--received org index = 19
------------------receive_up_data_to_sender_all_ack_frame--received org index = 20
------------------receive_up_data_to_sender_all_ack_frame--received org index = 21
2021-09-21 13:06:23
----sender_level=0
----sender_id=1
----receiver_id=5
----type=1
----frame_number=1
----ack=0
----block=0
----block_size=22
----block_id=1
----org1=0
----org2=0
----org3=0
----org4=0
----application_type=0
----nodeid_or_position=1
---- nodeid=65
----direction=1


----send data=00010505005800000001009041AC09000C99F47E10991901310000010203040506070809
0A0B0C0D0E0F1011121314150000
----------if(received_org_frame.size() == packet->block_size)-----------receive_up_data_to_sink
------------------received node data from---NODE ID--LEN=4354-----------------
----------------------------数据成功上传至服务器----------------------------
```

图 8.7　sink 节点完全接收成功后将数据上传至服务器

```
---------------------
transfer_down_broadcast_control_to_node---------------------
----------------------transfer_broadcast---------neighbor_status !
=RECEIVING---------------------
----------------------transfer_broadcast---------itself_status !
=RECEIVING---------------------
2021-09-19 14:07:11
----sender_level=1
----sender_id=65
----receiver_id=255
----type=2
----frame_number=1
----ack=0
----block=0
----block_size=1
----block_id=0
----org1=0
----org2=0
----org3=0
----org4=0
----application_type=15
----nodeid_or_position=1
---- nodeid=255
----direction=0
```

图 8.8　65 号节点转发控制报文

试验参数如表 8.1 所示，试验过程中，这些参数(如发送功率、接收增益、发包间隔等)将根据试验的实际情况进行调整。

表 8.1　试验参数

参数	取值
sink 节点广播周期/s	47
增益/dB	0
数据包间隔/s	60
发送功率/dB	−20
深度/m	2
通信半径/m	1000

试验的拓扑结构如图 8.9 所示，两个节点布放在湖中，即使游艇关闭发动机也会随风浪而移动，从而导致拓扑不断变化。试验中数据转发的过程为 65 号源节点发送数据包后，5 号节点、36 号或 8 号节点作为中继节点接收数据包并转发，sink 节点收到数据包后，通过互联网将数据传输至服务器。

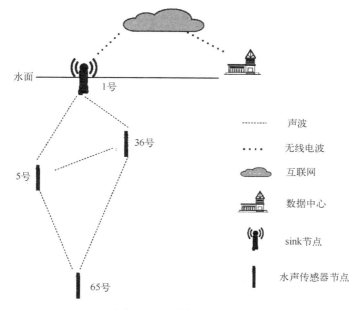

图 8.9　试验床拓扑结构

8.2.2　试验中出现的问题及解决方法

试验过程中遇到的问题及解决方法总结如下:

（1）青海湖区域天气多变，试验过程中时常会遇到雨雪冰雹等恶劣天气，此时，只能先将试验床撤回，再根据天气变化择机部署。

（2）试验过程中，码头上大型邮轮的轮机产生的噪声会对通信产生影响。此时，尽量将要布放在码头的节点布放在远离邮轮停靠的区域。

（3）利用游艇布放在湖中的节点会发生移动，导致通信中断。因为即使游艇不机动行驶也会随风浪而移动，使得节点不断移动，导致网络拓扑结构发生变化，并影响通信的正常进行，使得网络交付率降低，图片不能完整传输。遇到这种情况时，及时调整游艇的位置，尽力保证通信正常进行。图 8.10 为 sink 节点上传图片至服务器的部分记录，从图中可以清楚地看出图片上传至服务器的时间、图片来源（节点 ID）。图 8.11（a）和 8.11（b）分别为 65 号节点传输的大小为 11.3KB 的原图片和 sink 节点接收后上传至服务器的图片。图 8.12 为 sink 节点传输至服务器的大小为 11.2KB 的图片。

图 8.10　服务器的部分记录

　　　　　(a)原数据图　　　　　　　　　(b) sink 节点接收并恢复的数据图

图 8.11　湖试期间发送与恢复后的图片的对比图

图 8.12 sink 节点上传至服务器的图片

8.2.3 试验数据分析

试验中，根据预先设定的参数进行了多组试验，以验证和评估协议栈的性能。图 8.13 为后期进行数据整理过程的截图，包含了屏幕实时打印信息、节点收发包的信息等。表 8.2 统计了其中一天中四个节点发送和接收的控制包和数据包的数量。

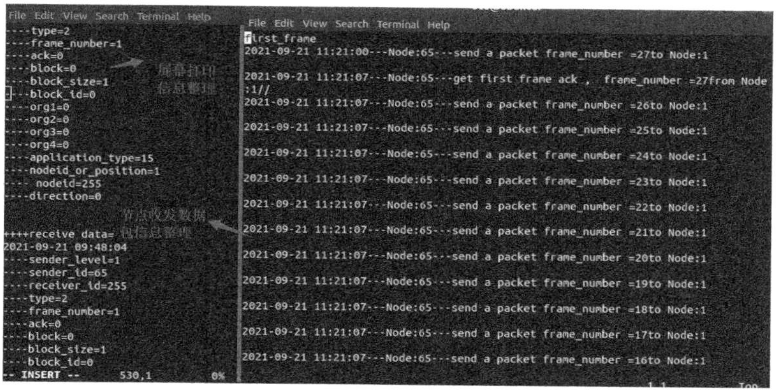

图 8.13 数据整理过程截图

表 8.2 试验数据统计

节点编号	发送/包	接收/包
1	1057	1352
5	1071	709
36	862	421
65	1852	932

图 8.14 是部分试验的交付率变化的图像。可以看出，交付率的最大值和最小值分别为 100% 和 40%。根据试验的日志记录和试验组对试验情况的记录，交付率过低的首要原因是其中两个节点是由游艇挂载，游艇因风浪而发生移动，因此，节点会发生移动，从

而导致通信链路不稳定；其次，另外的两组节点在码头附近布放，游轮和游艇产生的噪声会对通信产生干扰，从而增加了水声信号在传输过程中丢包的概率。

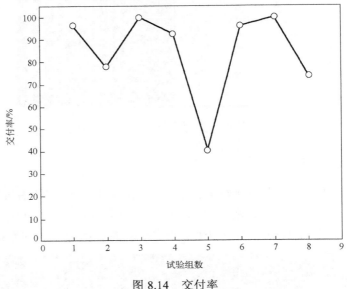

图 8.14　交付率

如图 8.15 是部分试验传输一张图片的端到端延时(sink 节点成功接收图片的时间与源节点发送第一个数据包的时间之差)变化图像。可以看出，成功传输一张图片

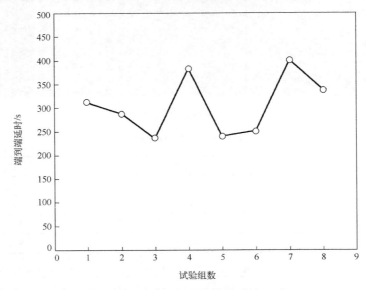

图 8.15　传输一张图片的端到端延时

的最大延时和最小延时分别为 400s 和 241s，导致延时较大的原因是节点移动或游轮噪声使得通信质量比较差，丢包严重，进行了多次重传。此外，从整个变化趋势看，端到端延时的起伏比较大，因为时而重传的包数多时而重传的包数少。图 8.14 和图 8.15 中，交付率和端到端延时的平均值分别为 85%和 306s。

综合试验的日志记录和数据统计结果，不仅可以表明试验床的搭建、MicroANP 协议栈的开发及实现非常成功，也可以表明 MicroANP 协议栈的性能比较优越。

8.3　监　测　应　用

部署在青海湖的试验床是一个水声传感器网络系统，除了用于真实的环境中评估有关 UASNs 的协议外，它也被用来实时监测青海湖的水域生态系统。通过 UASNs 和浮标上的 TD LTE RF 模块，水下的生态环境信息能够实时传送到互联网，并通过服务器进行可视化在线访问。借助本试验床可以获得青海湖水的温度、盐度、电导率的数据可视化，电导率、温度和盐度的变化图像分别如图 8.16～图 8.18 所示。

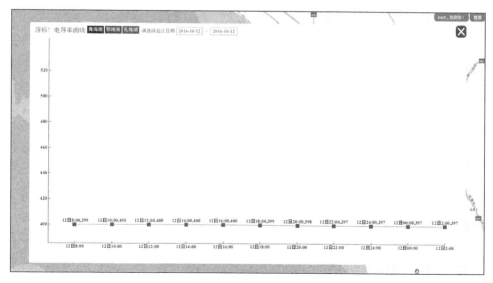

图 8.16　10 月 12 日电导率图

图 8.19 为水声传感器网络试验床于 10 月 12 日收集的青海湖生态监测数据。试验床采用的软件架构允许用户集成各自的网络协议到试验床中，并在真实的水下环境中对这些协议的性能进行测试与分析。

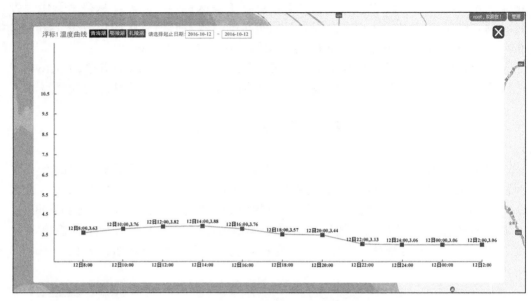

图 8.17   10 月 12 日温度图

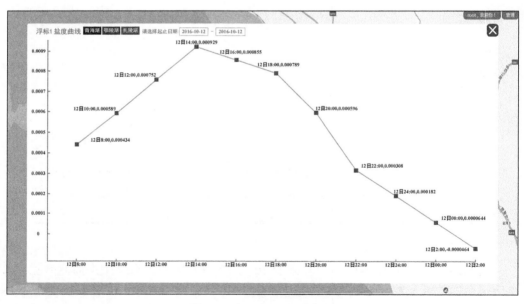

图 8.18   10 月 12 日盐度图

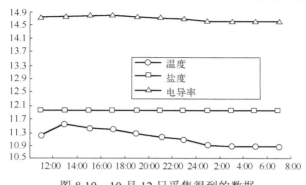

图 8.19　10 月 12 日采集得到的数据

参 考 文 献

[1]　杜秀娟. 水下传感器网络研究挑战与探索[J]. 青海师范大学学报（自然科学版），2015，（3）：60-67.

[2]　Li C, Du X, Wang L, et al. Realization and optimization of the LB-AGR routing protocol in underwater acoustic network test-bed[C]//Proceedings of OCEANS 2018 MTS/IEEE Charleston, 2018: 1-5.

[3]　Wang L, Du X, Liu X, et al. Design and implementation of state-based MAC protocol for UANs in real testbed[C]//Proceedings of OCEANS 2018 MTS/IEEE Charleston, 2018: 1-5.

[4]　Huang J, Diamant R. Adaptive modulation for long-range underwater acoustic communication[J]. IEEE Transactions on Wireless Communications, 2020, 19(10): 6844-6857.

彩　　图

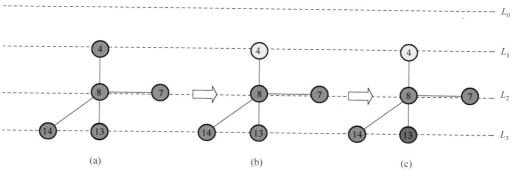

图 7.8　节点 8 的分层着色图